逸 兒童發展促進專家—著

職能治療師

迪的42道教養心法

Chapter 01
安心當爸媽，日常育兒重點一把抓

Chapter 02
養成孩子好習慣，改變壞習慣

Chapter 03
讓孩子玩得有趣、玩出孩子的好能力

目錄

Chapter 04
譜出孩子人際互動的幸福練習曲

Chapter 05
打造孩子學習力，一同檢視孩子的學習現場

Chapter 06
破除家長常有迷思，爸媽請放心

職能介入，育兒好法寶！

李柏森
義守大學職能治療學系副教授兼系主任、國立高雄師範大學特殊教育博士

「少子化」是目前現在先進國家普遍存在的社會現象，這樣的現象不只是直接影響到國家整體人口的下降，也造成教育體系陷入生源不足的窘境，未來更引致整體勞動力下降，或高齡化社會照護人力不足的問題。以上這些問題固然反映了整體社會或國家共同的困境，但對需要生育教養下一代的爸爸媽媽們其實還有更切身更急迫更棘手的問題要處理——小孩怎麼養？小孩怎麼帶？小孩怎麼教？

過去大家庭的年代，爲人父母的總有長輩的協助指導及經驗傳承各項育兒妙招，孩子們通常也有手足相伴成長及互相模仿學習，家長也能有機會從先前養育較長子女的經驗中學習及改進，之後類化應用其教養經驗到後來的小孩身上。面對「少子化」，只生養一或二個小孩，有限的教養經驗，讓育兒從過去的「照豬養」變成現在的「照書養」，大大小小諸多育兒疑難雜症的處理，大概就能靠爸爸媽媽們看書或上網爬文以獲取各項相關的育兒知識來應付。

晉逸在學時就是一個認眞且表現優異的學生，畢業後從事兒童臨床實務工作之餘，也透過網路提供各項育兒知識及技巧，協助家長們解決各項育兒大小事，將小兒職能治療的專業知識轉化爲親民且具應用性的問題解決方案，將職能治療專業的影響力帶入實際的生活中，也讓更多有小孩的家庭從中獲得幫助。如今，晉逸進一步將在職能治療所學所用整理出版，希望能幫助到更多正爲育兒大小事所頭痛的家長們。

這本書裡分六個章節，歸納羅列了孩子常見的各項讓家長頭痛的問題。針對各個問題，書裡有實例的列舉、相關背景知識的說明及解釋、實際介入時的操作要領，且用字及說明皆淺顯易懂，舉例亦非常貼近孩子的生活實例現況，因此本書對家長而言，絕對是一本十分值得閱讀，以獲取育兒知識的寶典，或用來解決育兒疑難雜症的工具書。

此部鉅作不是紙上談兵，而是具有實際操作方式，以及遊戲活動的好書

李元暉
職能治療師公會全聯會副秘書長

晉逸治療師具有扎實的訓練以及豐富的經驗，包涵了職能治療的各個面向：舞蹈症、板機指、思覺失調、肺阻塞、類風濕關節炎以及幼兒教養。在累積相當的資歷之後，還經營有自己的整復所，服務鄉梓。現在，晉逸治療師關心爸爸媽媽育兒的挑戰，著作指導父母，有關孩子的行為、心理，進一步養成問題解決能力。此部鉅作不是紙上談兵，而是具有實際操作方式，以及遊戲活動的好書。值得推薦給大家！

解決育兒日常生活問題，良方不但融入兒童重要發展歷程之知識，更是結合職能治療師對活動（遊戲）分析之專長

林鋐宇
亞洲大學職能治療學系系主任

非常開心收到周晉逸職能治療師的邀請，希望我能幫他寫第一本書的序。晉逸是我在義守大學教書期間教過的學生，雖然已畢業多年，但其在職能治療專業領域之努力與傑出表現，我都時有耳聞。在我的印象裡，晉逸一直是一位嚴以律己，極富上進心的學生；所以當我得知晉逸將出版自己的第一本書籍，且是跟兒童職能治療有關的著作，眞的打從內心爲他高興，也同時欣然接受寫序的邀請。

歷經大學時期厚實的兒童職能治療學習與職場兒童職能治療師的豐富經驗，這本寫給家長看的育兒專書，的確讓我驚艷。我自己也是兩個小孩的父親，當我初爲人父時，即使我已

具備多年的兒童職能治療經驗，但這些經驗多以特殊需求兒童爲治療與服務對象，反而在需要時，總覺得身邊缺少一份經過有系統整理，且針對一般兒童日常生活照護知識的實務參考資料。這本由晉逸完成的育兒著作，正好塡補了這個缺口。

雖說市面上已有許多育兒類的書籍，但這本書各章節匯集了各種家長日常生活中都將面臨的惱人問題，並依作者擔任職能治療師多年的臨床實務經驗給予實質的解決方案。這本書解決育兒日常生活問題，良方不但融入兒童重要發展歷程之知識，更是結合職能治療師對活動（遊戲）分析之專長，提供育兒各種有效建議與訓練方式，相信本書能成爲許多父母育兒的萬用手册。

書籍的撰寫與創作是一份需要投入相當時間與心力之工作，本著對職能治療專業對社會應有貢獻之執著與熱情，本書作者－周晉逸職能治療師將本身豐富的知識與經驗，成功地透過深入淺出的文字，將育兒相關知識作有系統的完整詮釋。因此，實在很高興能爲此書寫序並將之推薦給大家。

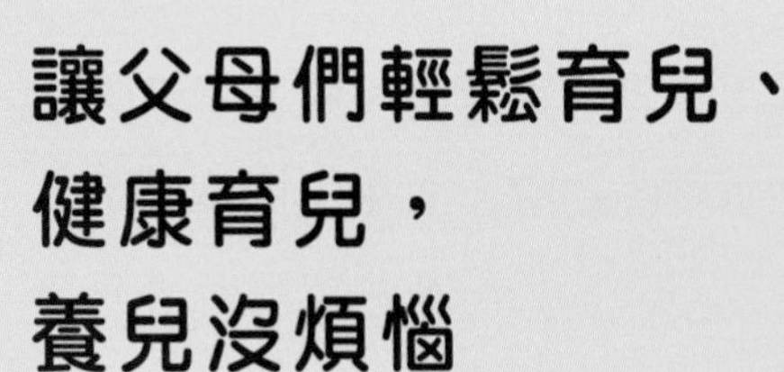

讓父母們輕鬆育兒、健康育兒，養兒沒煩惱

莊孟宜
台大醫院附設新竹分院職能治療師

每個孩子都是父母的傳家寶，更是國家的未來希望。從懷孕開始到呱呱墜地，甚至到長大成人前，父母無不希望給孩子最好的照顧與教養。只要孩子一有狀況，新手父母戒慎恐懼、手忙腳亂，全家就如臨大敵一般。在孩童成長的過程中，需要提供食衣住行、醫療、良好的學習環境及社會福利等保護，透過細心的照顧之下，讓孩童能在健康、溫暖的環境中成長茁壯。

在台大醫院新竹分院實習成人神經復健的晉逸，對於工作態度的堅持就如同其對於外表一樣的認真與自我要求，每日穿著西裝襯衫、打領帶、西裝褲與皮鞋的標準裝扮來上班。由於

對職能治療充滿了專業素養與熱忱，在醫院裡頭一回有實習治療師被患者及照顧者們誤認爲是資深經驗豐富的老師，讓晾在一旁配戴識別證卻乏人問津的治療師們無不折服、嘖嘖稱奇，從此周教授的稱號開始不脛而走。穿著牛仔褲的我調侃著晉逸之後在兒童復健領域可不能像個教授一樣嚴肅，而晉逸面露難色的回答著我：「衣櫃裡翻了翻除了西裝襯衫以及西裝褲，就只剩下了領帶。」數月後來到兒童職能治療臨床實習，晉逸開始改穿起了休閒襯衫與休閒褲，没了領帶也解開一直以來襯衫上釦著的第一顆釦子，晉逸不改其學習熱忱，更讓我見到他溫暖細心大男孩的一面。面對著情緒障礙的孩子總回報以溫柔而堅定的態度，在個案衝動不專心滿場飛時，他更是一個箭步地保護好安全，學習方面閱讀新知也總是積極地拜讀最新的醫療期刊資訊。投入職場後從事於兒童醫療及兒童的健康照顧，屢屢見晉逸於親子網站分享育兒的正確觀念與知識。他具備了職能治療師的專業知能，更有著熱忱助人的特質，懷抱著兒童健康守護者的信念，執筆整理了這本《職能治療師泰迪的 42 道教養心法：解決爸媽棘手育兒難題》既富含育兒知識又能回答家長在育兒難題上的好書。

生命會自己找尋出路。然而在孩童發展的過程，在動作、語言、社會情緒、學習及人際互動等領域，如能獲得適當的協助與指引，那麼必能幫助孩童得以更健全的發展。「育兒」及「教養」是一門高深的學問，本書內容對於兒童發展議題上提供了實用的策略與好方法，誠摯地推薦家長們閱讀這本育兒寶典，讓父母們輕鬆育兒、健康育兒，養兒沒煩惱。

育兒寶典，一定可以讓各位煩惱的新手爸媽輕鬆不少

陳威棠
輔仁中學教務主任

距今約 7 年前，大女兒淇淇出生了，我和老婆雖然都在教育界服務，頭上頂著老師的光環，可是面對著即將來到世上的孩子，我們卻是懵懂無知。我們這對新手爸媽，對於餵奶、包尿布、副食品、孩子的肢體活動等都一無所知。這時候除了親朋好友的意見交流外，就是找書和上網查資料了。隨著孩子年齡的增長，所遇到的問題，更是一個接著一個。例如孩子要學習吃飯、如廁、與他人相處等等。就如晉逸在書中所分享的一個單元「如何培養孩子正確坐姿以及挑選適合的桌椅？」，淇淇由於上小學

一年級了，身高和作業都不斷增加，為此，我和老婆便討論是否還繼續使用原本的折疊方桌，最後結論為了孩子日後發育及姿勢，就買了一套調整型的桌椅。俗話說的好「老大照書養」，感謝周晉逸治療師能在平日繁忙的工作中，為新手爸媽們整理出這麼好的育兒攻略集，相信書裡面所提到的育兒寶典，一定可以讓各位煩惱的新手爸媽輕鬆不少。

推薦序

這本育兒聖經，深入淺出幾乎切中我面臨的所有問題，從生活作息到各種習慣，還有如何與孩子互動和教育

魏智偉
童綜合醫院急診醫學部主任醫師

相信每個新手爸媽，對於孩子教養都存在著許多疑問和困擾，不知道什麼對孩子才是對的，甚至根本不知道孩子到底怎麼了。我除了有醫師身分，也是兩個孩子的爸爸，一個 10 歲，另一個 1 歲。身爲急診專科醫師的我，對孩子的急症處置很有一套，但對於照顧孩子，根本比上急診班還要來的手忙腳亂。還好有職能治療師晉逸的這本育兒聖經，深入淺出幾乎切中我面臨的所有問題，從生活作息到各種習慣，還有如何與孩子互動和教育，眞的是讓我有種獲得救贖的感覺，眞的值得向各位父母推薦的實用工具書。

讓您帶著愛與方法，走進孩子的內心世界

從兩人的甜蜜世界到面對迎接一個新生命的到來，是人生的一大轉變，相信爸爸媽媽們都滿懷期待，但當我們從別人的兒子、女兒轉變成孩子的爸爸媽媽，從被人照顧到要學會呵護別人，過往沒經驗、孩子出生又沒附上使用說明書，很多時候壓力就油然而生，最常聽到的抱怨就是帶孩子眞的心好累，如果有人能夠告訴我將要面對的最眞實情況，讓我在面對五花八門的育兒挑戰前能夠做足準備那該會有多美好。

「網路上的教養資訊琳琅滿目，我會不會遺漏掉了什麼重點，而且到底什麼才是對孩子最好的？」「長輩及別人分享的經驗，套用在我家的孩子身上合適嗎？」「孩子出現莫名舉止，還不能跟他溝通，只能一味地猜嗎？」「前一秒孩子還在身邊討抱撒嬌，一轉眼卻又尖叫咆哮、放聲大哭，該如何是好？」「手足之間爲了搶奪一個玩具而大打出手」「遇到孩子在學校

裡各式學習狀況，該怎麼解決？」

對於很多父母來說，孩子的內心就像是深不可測的未知領域，但其實每個行爲的背後都有著其行爲心理，找出每個行爲背後的原因、讀懂孩子的心來取代斥責謾罵，才是解決問題的關鍵，孩子情緒及習慣的養成與日常生活環境息息相關，爸爸媽媽在整個過程中扮演著至關重要的角色，孩子是看著父母的背影長大的，會受到爸爸媽媽的情緒表達方式、互動型態及面對問題時的態度所影響，從今天開始讓我們在生活中養成影響孩子一輩子的關鍵能力，帶著孩子從每次互動過程中慢慢養成問題解決能力。

爸爸媽媽們不是不夠努力，只是還沒找到最適合孩子的成長方式與方法，閱讀完這本書後不再需要以直覺和孩子硬碰硬，而是有了有效引導孩子行爲的方法，書中我將爸爸媽媽們最常見的問題做整理，列舉出孩子們常見的疑難雜症，透過最淺顯易懂的文字進行剖析與說明，幫助爸爸媽媽們能夠快速找到最貼近生活的狀況劇，接著羅列出解決方案、實際的操作方式及遊戲活動，提供給爸爸媽媽們參考，希望在育兒教養路上伴您帶孩子跨越每個成長的關卡，和孩子建立更加親密融洽的「心」關係！

安心當爸媽，日常育兒重點一把抓

01 戒尿布與如廁訓練的七大關鍵

每位孩子的發展進程不盡相同，並非晚一些學會大小便控制就代表孩子的發展異常，戒尿布不是比賽，孩子進行如廁訓練攸關生理上與發展上的成熟，相信許多家長們都有以下經驗，長輩常常講：「弟弟／妹妹怎麼這麼大了還在穿尿布啊？你看隔壁誰誰誰都已經沒有穿了。」對於孩子們而言，在所有的日常生活活動中，如廁是在訓練孩子自我照顧上極需要審慎應對的事情，太早戒尿布會容易造成孩子心理壓力、沒有安全感，導致延長包尿布的時間，甚至於長大後反而很容易半夜有尿床的情形；若是過晚戒尿布，則容易造成孩子自尊表現較低、情緒控制上的困難，兩個極端值過猶不及都不足取。此外，有些孩子常常會在和爸爸媽媽們外出時憋尿或是忍住不大便，硬是要回到家中才願意排便或排尿，即便將要進入學齡階段了，還是戒不掉尿布，這究竟是什麼原因呢？

戒尿布的好時機建議為2至2歲半即可開始嘗試，但要提醒家長們雖然2歲左右的小朋友能感受到脹尿的感覺，加上2歲的孩子也較能夠自我表達，但要達到完全獨立也就是包含使用衛生紙、沖馬桶、擦拭、洗手及整理衣物等等的能力，大約為4至5歲。

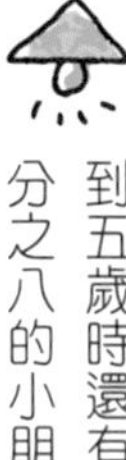

到五歲時還有約五分之一的小朋友會有尿床的情形發生、到了八歲時還有接近百分之八的小朋友會有尿床的情形發生，爸爸媽媽們無須過於擔憂。

爸爸媽媽們從何知道可以開始準備戒除孩子的夜間尿布？

因為這尚涉及了孩子要能夠從睡眠中喚醒自己，以及睡前喝水量的因素，爸爸媽媽們可以利用午睡時間來做觀察，由於平日幼稚園午睡時間大都介於1.5至2個小時之間，抑或是利用假日孩子們午睡時間觀察孩子於過程中是否尿布有濕，若沒有的話，家長們就可以試著挑戰晚上戒除尿布了。

該如何和孩子談及戒尿布？
是否要建立制度規範？

最核心的要點莫過於家長們要以輕鬆的態度來著手，避免起初就跟孩子約法三章，例如常見的NG說法：「從今天開始，就沒有包晚上的尿布了，弟弟／妹妹你一定要成功不能尿下去！」，爸爸媽媽們可以改成試著這樣說：「弟弟／妹妹你今天中午都沒有尿下去，很棒唷！你今天晚上要不要試試看不包尿布呢？」，讓孩子自己做選擇。孩子若失敗了，家長能問孩子要不要穿回去，還沒準備好沒有關係，初期訓練過程中以不傷害小朋友的自信為原則，讓孩子能感受到安全感，避免造成孩子過多的心理壓力才會是長久之計。接續透過下列的發展里程碑來讓家長們便於對孩子的進展有個初步的瞭解：

⚠ NG說法：「從今天開始，晚上就不包尿布了，要成功不尿下去哦！」

👍 爸媽可以改說：「你今天中午都沒尿下去很棒呦！晚上要不要試試不包呢？」

- **1 歲**：當孩子尿布濕了或髒了會感到不舒服。
- **1.5 歲**：孩子能坐在馬桶上少於 5 分鐘的時間，當尿下去時，孩子能夠表示自己已經尿尿或大便了。
- **2 歲**：孩子開始對上廁所產生興趣，並且能夠自己沖馬桶。
- **2.5 歲**：能夠規律如廁，白天有時候會尿褲子，但很少意外排便。需要上廁所時會主動告知家長，但仍需要他人提醒去上廁所。在爬上馬桶時需要協助，在如廁後能夠主動自己洗手。
- **3 歲**：能夠獨自去上廁所並爬到馬桶上，如廁後可能需要協助擦拭，並且難以自行穿上衣物，需要協助。
- **4 至 5 歲**：可以獨立如廁（包含使用衛生紙、沖馬桶、擦拭、洗手、整理衣物等等）。然而各年齡層的兒童皆有可能因為肌力、認知、姿勢穩定，以及精細度或靈巧度等方面受限而延緩在如廁方面的獨立性。

那麼爸爸媽媽能透過哪些重點策略循序漸進地增進孩子在如廁方面的表現呢？

1. 理解定義與溝通

當較小的孩子想上廁所時，時常會透過非口語的方式來透露給家長們一些訊息，例如抓生殖器、抓褲頭、原地蹲下、夾緊屁股等等，當孩子有這些行爲表現出來時，爸爸媽媽們可以告訴孩子你便便或尿尿了，將字詞與行爲作出明確連結，透過言語的輔助說明讓孩子能清楚區辨當下感受的差異，孩子會更能瞭解到排便排尿是怎麼一回事，更能夠理解兩者之間的關係。

2. 戒除尿布的時段有先後之分

我們可以先在一天中選擇一個特定的時段讓孩子練習不要穿尿布，再慢慢地訓練孩子整個白天不包尿布，循序漸進地讓孩子達成完全的戒除，會建議家長們先從白天尿布開始戒，再訓練過夜尿布，例如：選擇上午早餐至午餐的時段均不穿尿布，等待至大多數幫孩子換尿布的時間都沒有感覺到濕濕的時候再換成整個上午均不穿，之後再漸進到睡覺前都不使用。

3. 建立孩子與馬桶之間的連結

我們可以訓練孩子坐在馬桶上，不管他們是否眞的有上廁所，這都有助於孩子去習慣馬桶，每次約 5 至 10 分鐘即可，主要的目的在於能夠讓孩子對於這項活動感到熟悉，且不至於會產生排斥及抗拒，坐在馬桶上的過程中也可以透過小故事的情境講述來讓孩子不會對如廁這件事情感到羞愧。

此外，家長們安排孩子固定時間上廁所也相當重要，大概一到兩個小時就可以帶著孩子到小馬桶坐一下，有尿尿就尿，沒有也無妨，讓孩子從中養成坐馬桶的習慣，當孩子實在忍不住或不小心尿在褲子上時沒有關係，幫孩子換完褲子後再帶他到小馬桶前面說：「**弟弟／妹妹你看，這個小馬桶是你以後如果想尿尿就可以過來的地方，坐在上面褲子就不會濕濕的囉！**」透過一次次的累積經驗與家長的引導，孩子便能夠愈加熟悉整個過程，千萬不要因爲孩子練習過程中尿褲子就予以批評責備。

4. 如廁動作順序

在上廁所這項活動中包含著許多的步驟，包含了洗手、撕衛生紙、沖馬桶、擦拭乾淨、整理衣物等等，我們可以透過分解步驟的小圖卡（每張圖卡的圖案都不一樣，帶著孩子看前、後的過程變化），更能夠讓小朋友理解到上廁所的順序。

5. 帶孩子一起選擇合適的便盆椅：

帶孩子一起選擇的目的在於便盆椅上如果有孩子喜歡的圖樣更能夠讓孩子不感到排斥，打從心底覺得那是屬於他的東西，選擇便盆椅時需要特別留意其高度，需要確保孩子的腳可以穩穩地踩踏於地面上的高度最爲理想，同時便盆椅應該擺在孩子容易到達的地方或平時的遊戲區塊附近，當孩子坐在便盆椅上時，爸爸媽媽們能給孩子準備故事書或小玩具，讓孩子覺得上廁所的整個過程是很輕鬆且愉悅的。

6. 當孩子能夠成功使用便盆椅之後該準備些什麼呢？

當孩子能成功使用便盆椅後兩個禮拜，可以幫孩子選擇棉質內褲與學習褲來幫助戒除尿布，學習褲採循序漸進的方式，可以先從只有早上、早上與下午，再增加到其餘的時間都穿，讓孩子能夠逐漸去習慣學習褲。

7. 孩子常尿床該到底該怎麼辦才好？

在孩子成長的過程中，尿床是一個相當常見的現象，家長可以注意的是晚餐不要讓孩子吃太鹹或不要攝食太多水分含量高的水果，例如：橘子、西瓜及水梨等等，睡前兩個小時盡量不要喝過多的水或是牛奶，盡可能可以將一日所需的水分多分配一些在白天，藉由白天多喝一些並養成定時去上廁所的習慣。

在如廁的訓練過程中，大約需要花費6至8個月的時間來訓練孩子的大小便，在戒除尿布的早期訓練中，孩子常常會來不及就尿在褲子上是相當常見的，孩子們多需要時間去調整對於膀胱的控制，在如廁的訓練上建議家長們可以參酌孩子的發展里程碑，同時也切記不要操之過急反而容易造成家中寶貝們的無形壓力哦！

02 談夜驚、各年齡層孩子需要睡多久以及如何戒夜奶

當孩子在生病發燒或睡前過度疲累的時候，特別容易有夜驚的情形產生，爸爸媽媽們記得多做留心。

首先帶著爸爸媽媽們來釐清時常容易搞混的「夜驚」一詞，夜驚指的是到達深層睡眠之後，孩子閉著眼睛的狀態下有哭喊、哭鬧，甚至是出現尖叫的情形，發生的時候多在夜晚的前三分之一、前二分之一，而孩子對於這個情形事後是沒有記憶的，夜驚透過哄的方式老實講並無什麼效果，待其過一段時間後會慢慢停下來，所以爸爸媽媽們在一旁陪伴、留意安全其實便足夠了，但爸爸媽媽們若察覺孩子有規律夜驚的情形，孩子大概都幾點會尖叫哭鬧，家長可提前一點時間把孩子叫醒並和他抱一抱，夜驚隨著孩子年齡的增長其頻率也會逐漸降低與消失。

而另外一群爸爸媽媽們在面對孩子日夜顛倒作息，實在嚐盡了苦頭，每一位不睡覺的寶寶背後，都有一對睡眼惺忪的辛苦爸媽，我們都知道每天睡眠充足能有效幫助成長發育、學習專注與情緒穩定，但孩子睡眠的不規律有時不僅僅影響爸爸媽媽們上班，甚至是手足之間的作息也連帶受波及，有些孩子兩三個月就能夠睡過夜，但並非所有家長們都能夠這般幸運，孩子三、四歲甚至仍然在吃夜奶，但家長們是否有觀察到有些孩子其實喝不到兩三口就睡著了，其實這類情形多半是孩子在討安撫，並非真的在喝，接續條列出家長們常見的七大疑惑：

1. 新生兒睡眠斷斷續續，究竟該如何是好？

於寶寶三個月之前的這一階段，孩子睡眠時間常見長達約 18 至 20 小時，但多容易有斷斷續續的現象，會建議此時的媽咪及爸爸們應盡可能跟著孩子一起小睡，如此一來晚上起床照顧或餵奶時才能夠確保有足夠精力，避免出現孩子睡不好，媽媽們亦睡不夠的窘境。

2. 各年齡層的孩子到底應該要睡多久？

1 歲之前的嬰兒建議 12 至 14 小時；1 至 2 歲建議 11 至 14 小時；3 至 5 歲幼兒建議 10 至 13 小時。家長們於白天能讓孩子睡午覺，但應該避免睡眠的時間過長，建議盡可能以不要超過兩個小時爲原則。此外，白天的時候讓孩子有足夠的活動量，多些玩耍互動與搭配聽覺和視覺上的一些刺激，這不僅僅有助於孩子反應能力較好，孩子到了晚上也比較容易入睡。

3. 該如何戒除孩子夜奶，要給孩子喝到多大？

當孩子滿 4 個月時，只要生長發育情形良好，可以慢慢戒掉半夜喝奶的習慣，會建議家長們採取漸進式的方式來戒除夜奶較能夠收到好的成效，可以採取逐次減少約 10 至 20cc。其中需要特別留心的要點爲把孩子的奶移除同時我們也應該提供新的安撫替代物品。

此外，餵奶當下不要只是餵奶而已，可有多重事件的同時進行，例如：媽咪們邊餵奶時可以在旁邊一邊播放輕柔音樂，抑或於一旁放置玩偶、安撫巾、給予寶寶輕撫等等，當我們把母奶拿掉時尚有其他的條件存在，孩子們才不至於產生過大排斥感及反應。

4. 孩子半夜起床玩不停、鬧不停，問題到底出在哪裡？

孩子每次半夜一兩點就醒來實在好痛苦，一直動和玩到四五點才肯繼續睡，爸爸媽媽們爲了安撫孩子，有時一個晚上只睡到三小時就得起床忙碌或上班。其實遇到此情形爸爸媽媽們該回頭檢視一下一整天下來孩子的全部行程，早上睡太長、午覺睡太久都是常見肇因，所以盡可能準時把孩子叫起來，不要因爲孩子半夜有起床玩所以就讓孩子再多睡一會，這容易變成惡性循環。

5. 建立孩子固定的睡前規律儀式很重要嗎？

許多爸爸媽媽們常向我說道孩子三催四請就是不睡，每天晚上總得討價還價一番，希望能養成孩子乖乖主動準時睡覺。其實您知道嗎？當中最重要的其中一關鍵莫過於家長們和孩子建立彼此的睡前儀式或規律，而且確實執行，即使假日也不應該例外。

例如：跟孩子說好每天晚上玩玩具 20 分鐘且刷牙之後就要躺在床上，抑或睡前能選擇唸一本故事書給孩子聽，結束後就跟孩子擁抱然後互道晚安。許多家長們於一開始執行時，一定很容易遇上孩子百般抗拒及拖延的情形發生，此時爸爸媽媽們別忘了應溫柔且堅定的堅持原則，久而久之孩子自然容易遵守，切忌將上床時間一延再延。

6. 孩子半夜常常醒過來一直哭的原因是什麼？

半夜醒過來大哭好幾次，爸爸媽媽們在睡夢中突然被小孩子嚇醒，睡眠品質極差，會建議爸爸媽媽們能以孩子六個月大時來做爲一個觀察的分水嶺，六個月大以前多留意孩子是否有生理上、身體已經有不舒服的情形；六個月之後，有些孩子會進入分離焦慮的時期，常見爲心理上的因素。

7. 助眠小訣竅

孩子於睡前的最後一次喝奶就可以把燈光完全關掉了，洗個熱水澡後稍微按摩一下、放一點睡前輕柔音樂，盡可能避免反覆將孩子抱起來走來走去。爸爸媽媽們透過幫孩子按摩，能夠有效安撫孩子情緒，按摩之前別忘了手需要先擦拭乳液唷！按摩以柔順緩慢爲最大原則，首先可以從握住腰部、肩膀、屁股及大腿，這幾個部位來做爲起始，另外很多爸爸媽媽們很容易因爲孩子按摩時的反應就跟孩子直接玩起來了，這反而會讓孩子因爲太興奮而愈來愈不想睡，爸爸媽媽們需要多加留意。

03 輕鬆擺脫分離焦慮，培養良好的依附關係

您家中的孩子也是黏人精嗎？非常害怕與主要照顧者分離嗎？「媽媽妳不要走！」家中孩子是否每當媽咪及爸爸們一要離開視線時，就會急到哭，抑或是睡醒之後無時無刻要家長們在一旁陪伴、於煮飯及洗澡一刻不得閒，需要讓孩子隨時看得到，否則孩子動輒大哭崩潰及發怒。其實當孩子接觸陌生的人事物及環境不免會感到恐懼，對失去或被拋棄的恐懼、剛到新環境的不適應，分離焦慮是孩子情緒發展過程中之正常現象。

分離焦慮不是病，親子間培養良好的依附關係很重要，可以是媽媽、爸爸、爺爺奶奶或是外公外婆，讓孩子能有一個依附的先後順位。常見家長們會有挫折感產生，通常都是因為只由一位的主要照顧者從星期一到星期天照料絕大多數的時間，當寶寶所有的安全感全依附在一位照顧者身上時，當一要離開孩子，孩子自然會覺得世界末日降臨，提供家長們面對「分離焦慮」的四個重點參考。

1. 慢慢轉移孩子的注意力，讓孩子的情感可以往其他物品或其他人身上分散建立

例如：爸爸媽媽們可以先帶著孩子一起玩玩具，慢慢地家長可以起身在附近走動，孩子的注意力會逐漸從家長起身離開這件事轉移到眼前的玩具之上，當孩子玩耍一段時間要找爸爸媽媽了，您此時再回來更靠近孩子，讓孩子知道爸爸媽媽們一定會再回來，隨著幾次下來孩子都能在需要的時候找得到、看得到爸爸媽媽們，孩子便會愈來愈安心。

2. 分離焦慮常見出現時間點為何？

分離焦慮常見出現時間點大約落於孩子 6 至 8 個月大開始出現，1 至 1.5 歲爲高峰期，到了 3 歲左右開始逐漸減緩及消失，當孩子達上學年紀之後，過度強烈的焦慮及害怕情形便應該較少出現，倘若持續 4 至 6 週以上，家長們便需要多做留意。

3. 平穩情緒及正面道別，家長們切忌不告而別

偷偷溜走不見，甚至是推開都容易造成孩子分離焦慮更嚴重，在分離時避免出現十八相送及猶豫不決的態度，您的不安及負向情緒很容易渲染給孩子，較妥適的說法：「**加油！放學後媽媽就會來接你**」，以溫和且保證的態度道別與擁抱，藉此建

立基本信任感的基礎，部分家長們常會認爲是否透過偷偷離開，孩子反應就不會過於激烈，其實這種方式反而容易讓孩子没有心理準備的機會與空間，導致更難以與家長建立安全感、覺得外在環境不安全，此外創造孩子期待感很重要，時鐘走到哪裡媽媽就會來接你、吃完點心之後爸爸就會過來接妳、告知孩子你要去哪裡，上述這些會是較理想的做法。

起初可以讓孩子帶一些安撫小物在身邊，小玩偶、小手帕等等，藉此來增加孩子的安全感，家長們亦可透過分派給孩子一個小任務，例如：準備一張小鼓勵卡請孩子幫您保管收藏好，爸爸媽媽來接送時再交還。

4.「我不想上學！」，提早帶著孩子去熟悉新環境

找尋一天學校、幼稚園的下課時間，帶孩子到學校的戶外或附近玩耍，抑或是提前與校方溝通進到教室及日後學習環境進行參觀，藉此讓孩子逐漸有安全感，同時別忘了提前給予孩子心理建設，告知會有許多小朋友和你一起在這邊學習、玩耍、有很多好吃的點心和好玩的玩具，也能認識很多新朋友。

04 面對兩三歲貓狗嫌，五訣竅助您見招拆招

為什麼感覺孩子明明都聽得懂了，總還是要唱反調氣爸媽才會甘願，活脫脫像是一隻小野獸，這邊首先要開宗明義告訴爸爸媽媽們，兩歲以下的孩子是沒有什麼邏輯感的，因此當爸爸媽媽們於此時不斷地去跟孩子陳述一些大道理，其實孩子真的不知道家長們在說些什麼。

而另一情況是每當請孩子做什麼事情時，家中寶貝們第一句回應總是：「我不要！」嗎？爸爸媽媽們總覺得孩子們什麼都拒絕且不受控制，希望能改善家中孩子們這接踵而來的「我才不要！」無窮迴圈攻勢。下列四種情形爸爸媽媽們容易忽略：

- 在要求孩子時的語句是否太過於嚴厲且要求的事項過於立即，孩子們會感到措手不及。

- 是否有向孩子「簡單傳達」這件事情的前因後果？毋需長談闊論，孩子們有時並不瞭解，但若反覆接收到命令式語句，例如：「你要這樣做才對」、「不行那樣」孩子聽在耳裡感受亦不好，我們應該透過簡單地一併說明理由，避免久而久之孩子產生抗拒及排斥感。

- 孩子背後其實有不願意配合的原因，例如：其實過去從事這項活動帶給他很大的挫折感及恐懼感，這時切勿再使用激將法，像是：「這明明就很簡單，為什麼還要媽媽幫忙。」

- 孩子無法像大人般婉轉地表達想法，容易被直接認為就是愛作對，面對這種情形便需要透過機會教育引導孩子去體察對方的情緒，例如：「哥哥我知道你是直接想說出你的想法讓媽媽知道，但我覺得聽到的時候沒有很高興耶，我們一起想想看可以怎麼說好嗎？」

下列提供爸爸媽媽們五個方法，避免與孩子反覆出現硬碰硬的劍拔弩張的緊張局面：

1. 先給孩子嘗試，而非制式

當遇及孩子們願意嘗試且相當有興趣的事務，即使稍顯困難也可以先讓孩子嘗試自己來，爸爸媽媽們這時候僅僅需要當一位適時的協助者，減少直接幫忙做或要求孩子必須全盤配合媽咪及爸爸們的步調或模式。

2. 複雜的事，並不是有趣的童話故事，請爸爸媽媽們簡單說就好

跟孩子溝通當下，針對「該事件」即可，不需要太過於探究過去曾經出現的錯誤或很久之後的未來才會發生的事件與局面，因爲當下對孩子而言容易感到一頭霧水，我在做 A，爸爸

媽媽們卻在跟我說B、甚至講到C去，以下舉個例子協助媽咪及爸爸們做理解：

NG說法：「你上次不是跟媽咪說好，買這組積木給你，你就會好好愛惜它嗎？現在丟得滿地都是，如果腳踩到怎麼辦？你現在趕快把積木收起來，不然下一次你說要買什麼玩具或東西，我就絕對不會再買給你了。」

爸爸媽媽們能改成說：「弟弟／妹妹，請把積木收回桶子唷，沒有收的話，下次媽咪就不買囉！」，更能夠幫助孩子清楚理解。

3. 學會溫柔且堅定的堅持原則

例如，請孩子收拾碗筷或玩具時，千萬不要因爲孩子不停地哭鬧及反抗或怕孩子出錯打破便輕易妥協了，這類情況最常發生於孩子收拾碗筷時，爸爸媽媽們往往一想到如果請孩子自己收拾，筷子及飯粒掉滿地收拾起來著實費功夫啊，就導致了「媽咪及爸爸們總是自己來的大結局出現。」

家長們有時需要學會多堅持一下子，不然規則的反覆變動，孩子對於標準亦會無所適從，不懂爲什麼一下說不行，我鬧一下子就又可以，有時候又會感覺媽咪及爸爸們變得異常嚴格。

4. 爸爸媽媽請偶爾嘗試給予孩子們「選擇題」而非「申論題」

例如：「弟弟／妹妹，你要先整理明天的書包、先吃飯還是先洗澡，給你先選一個吧！」，因爲我們都可以理解到上述這些事情都是這一個晚上要完成的，那爸爸媽媽們何不給予孩子先有選擇的機會，彼此關係就不會這麼的緊繃，所以無論是硬碰硬地過度堅持孩子非得先做什麼才行，抑或是讓孩子覺得透過耍賴抑、撒嬌家長就會妥協，這兩種狀況都是我們應該極力避免的。

5. 希望爸爸媽媽們能給予孩子一天至少 2 次的傾聽時間，充分聆聽孩子們心底有什麼想要表達的話

孩子們整天都在聽大人說話，媽媽、爸爸及老師等等，其實有時心裡也有很多話想要說、許多事情想要分享以及有些事情想嘗試著自己做決定。我相信絕大多數的媽咪及爸爸們並不希望把孩子形塑成「好好好！你好、我好、大家好、什麼都說好」的機器人，希望孩子能夠自發性地瞭解及多體諒對方，多加陪伴及傾聽，陪伴及教育孩子最致命的敵人是脾氣，最大的收穫是自己與孩子共同成長的喜悅，與各位爸爸媽媽們一起共同勉勵。

05 孩子吃飯全身髒，碗筷使用教戰守則

各位爸爸媽媽們家中的孩子湯匙與筷子總是拿不好嗎？吃過飯後的桌面像是災難現場般慘不忍睹，抑或是孩子穿衣扣鈕釦是否常常需要花費大把的時間來完成呢？家長們多希望孩子能趕快將湯匙與筷子拿得好，手部肌肉能夠更靈活有力，但無論是孩子練習使用湯匙或筷子仍有其階段性歷程，1歲以前的孩子可能會抓取、揮動以及丟湯匙，而在1歲左右孩子就會想要使用湯匙去挖食物，鼓勵家長此時就讓孩子盡情嘗試吧！您也可以嘗試帶著孩子的手，協助孩子舀取食物並送入口中。而在筷子的部分，如果是兩歲左右的孩子，孩子若有主動使用意願的話可以給予嘗試，不過大人務必隨時在側以確保安全，但這個階段不要刻意要求孩子該怎麼使用筷子或強迫正確拿法才行，常見最初孩子多會以撈或戳的方式居多，不要期望孩子一開始就可以直接用筷子夾起食物，反而容易造成雙方過大壓力。

而湯匙與筷子的練習方法上大有不同，起初若要孩子練習使用湯匙，食物要剪成較於碎小狀孩子較容易上手；反之，若要讓孩子練習筷子，食物就盡可能不要裁剪，一開始先選擇較輕且大面積的食物讓孩子嘗試較容易上手，抑或是透過用筷子先練習吃麵，較不容易造成孩子的挫折感。

幾歲才是讓孩子學習使用筷子的最適宜年齡？家長該如何引導孩子正確拿法？

四歲左右可開始讓孩子練習使用筷子，讓孩子嘗試使用筷子用餐的一大重點就是切記勿催促，當孩子嘗試多次卻仍然無法成功夾起時，家長應耐心教導、不給壓力，不順利可以告知孩子我們可改用湯匙來吃完剩下的飯菜，平時也可以讓孩子多拿筷子來夾取各種不同形狀、材質及大小的東西來增添趣味性，例如：可以利用筷子玩像是夾各種小積木至串串棒、夾較大片的蔬菜葉等等，藉此方式讓孩子能保有使用筷子的新鮮感與好奇心。

然而在這類精細動作當中虎口的穩定度為其中相當重要的一項基礎能力，虎口的穩定度是指虎口能夠維持良好的擺位並且能根據相對應的動作來作出有效的姿勢，例如：孩子們在扣鈕釦時，能夠依據鈕釦的大小來展開虎口並維持良好的穩定度，讓孩子們更容易於指間上來進行操作。虎口的穩定度會影響到孩子在指尖活動的靈活度以及操作物品時的品質及效率，若是穩定度不足，孩子在操作物品時會常常觀察到其使用上臂的代償動作來完成活動，然而這樣的方式在使用湯匙、筷子、寫字時等動作上會顯得笨拙而且更加費力。

在維持一個穩定的虎口展開以及對掌的動作前，我們需要確保家中孩子在手腕穩定度、手弓及手指的個別獨立動作上等皆具備有良好的發展，如此才能使動作完整且流暢。爸爸媽媽們常常會發現家中孩子在握筆時食指與拇指之間可能不具有縫隙並呈現緊閉，或是把大拇指塞進虎口中的情況發生，

家長們常詢問的筷子正確拿法應該為何？首先可先伸出前三根手指，先把其中一根筷子用虎口夾住並放於無名指上，另一根筷子利用拇指與食指來固定並放於中指之上，正確姿勢留意在使用時是移動上方的筷子做夾取，下方的筷子其實是固定不動的。

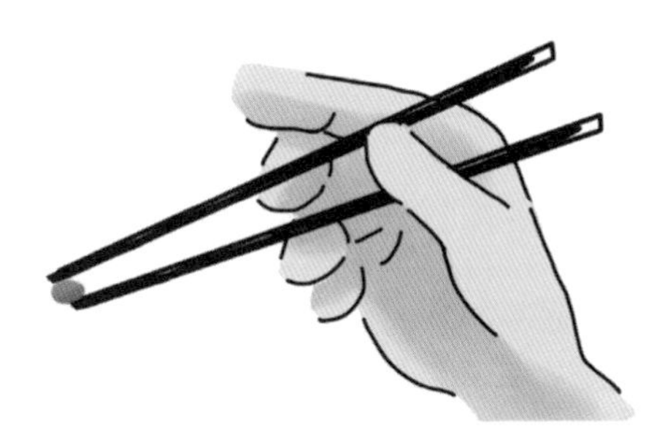

上列這些情形容易導致孩子在書寫時手指於精確控制的動作上受到限制，進而影響書寫的品質。

接續讓我帶著媽咪及爸爸們透過有趣的居家小遊戲，來從中增進孩子們的虎口穩定度：

- **小手撕貼玩驚喜：**在撕貼畫的過程中，透過撕紙不僅僅能訓練到孩子的虎口穩定度，也能訓練到掌內肌的力量，同時在使用膠水的過程中需要利用虎口穩定協助來進行反覆的塗抹，過程中同時也會增進孩子的手眼協調以及掌內操作能力哦！

- **分類夾夾樂：**首先媽咪及爸爸們可以利用一條長棉繩，在上面夾上數個小夾子，每個小夾子分別夾上不同物品的圖卡，例如：水果類、文具、交通工具類等，跟小朋友玩默契配對遊戲，像是：「請拿給我水果的圖案、火車與飛機要夾在哪一類的夾子上」，透過簡單小任務的方式，讓小朋友從夾子上拿取相對應的圖卡，不僅僅能訓練到虎口的穩定，也能訓練到孩子指間的抓握，這個遊戲也可以採取兩兩競賽的模式，最後誰獲得正確的圖卡較多即獲勝。

- **指尖足球賽：**爸爸媽媽們可以在桌面上用厚紙板來製作兩個小球門，讓孩子利用彈彈珠的方式，讓孩子把彈珠彈入

球門即得分，中間可以設置一些小障礙物或是利用紙捲作爲彎道阻擋彈珠的路徑來增加遊戲的難度以及趣味性。

黏土戳戳樂：家長們可以幫孩子準備一隻筷子或不要的筆桿，準備一盒黏土，讓孩子利用筷子或筆桿在黏土上戳出指定或喜歡的圖樣，同時家長們也能自己另外準備一組，與孩子輪流戳出圖樣再相互猜測對方的圖案爲何，看誰的得分高。

豆豆來搬家：並不僅僅是上述這些活動可以訓練到虎口的穩定度，日常生活中像是多使用湯匙舀取或是筷子夾取的動作都可以達到良好的訓練效果，爸爸媽媽們亦可幫孩子準備各式不同大小的豆子以及兩個不同顏色的碗，讓孩子利用湯匙一次舀取一顆運送到另一個碗中，媽咪及爸爸們不妨在家中給孩子們多些嘗試的機會，一同從中玩出好能力！

上述五項活動過程中均有一些小物件產生，提醒媽咪及爸爸們務必陪同家中寶貝們來共同進行遊戲哦！

06 八策略改善孩子挑食、偏食的壞習慣

普遍爸爸媽媽們遇到孩子們不吃某一種蔬菜、肉類或水果通常使用兩種極端的處理方式，一種是那就別吃了，另一種就是不厭其煩地天天來或隔天就來一次，究竟該如何才能增加孩子們的食慾一直是困擾著許多媽咪及爸爸們的惱人議題，家中孩子總是吃幾口就不吃了、吃飯的過程非常容易分心，綠色蔬菜一律都不吃，只吃自己喜歡的，甚至不餵食就不吃、極度討厭正餐時間，一看到就擺臉色。我們除了可以將每餐及每餐之間的間隔拉長一些，中間盡可能不要給予過多的零食及飲料外，究竟還有哪些解決策略呢？

1. 孩子為什麼會出現以前喜歡吃而現在卻不喜歡吃的情形？

這類情形多半與突發事件、這段期間此項食物的烹調方式是否總是一成不變（同一型態）與短時間內吃的次數太過頻繁這三項因素有關係，透過讓孩子知道自己是在吃什麼、爲什麼會吃、經過什麼過程與手續才能夠吃會大有幫助，孩子喜歡新鮮感，帶著孩子們一起進廚房或於週末時共同參與採買的過程，爸爸媽媽們會發覺孩子對於自己親手切的、煮的與洗的，多能乖乖吃完，讓孩子有參與感，更能勾勒出吃的意願度，食慾相較亦容易隨之提升。

2. 天天五蔬果的目標要如何才能夠輕鬆達成？

我們常常講天天五蔬果，三蔬二果，有些孩子們習慣只攝取甜味相對較高的蔬果，會建議爸爸媽媽們讓孩子均衡攝取，例如：蘋果（富含維生素 B、C、胡蘿蔔素）、香蕉（富含維生素 C、E、鉀離子）及芭樂（富含維生素 C）等等水果會

孩子們若起初對蔬菜很排斥，偶爾家長們可以改採用打蔬果汁的方式，當中水果的比例提高一些來幫助壓過蔬菜的澀味，幫助孩子們能夠漸進式的接受。

是較爲適切的方式，爸爸媽媽們能透過蔬果的顏色來作多樣化的搭配，但切記不要以水果來完全取代蔬菜！

3. 孩子碗內每次裝填的分量很重要，家長們採一些一些往上加較容易收到好成果

常見媽咪及爸爸們一次將所有孩子要吃的分量全部塞在碗內或餐盤內，堆積的像是一座小山丘，我們要讓孩子一次一次能吃完他們才能夠有成就感。此外，家長避免常常強迫孩子一定要吃完大人規定的分量，這邊會建議爸爸媽媽們來決定用餐時間、地點及食物種類，但是吃多吃少偶爾交還由孩子們自行決定，以免長時間下來逼迫用餐氛圍反而造成反效果。

4. 各類食物有區隔，避免成為大雜燴

各類別的食物可用碗或餐盤讓其稍微有區隔，避免把飯、菜、肉及湯，全部攪拌在一起，這會造成食物味道過於複雜，孩子們一口、一湯匙內就過於多樣，孩子自然而然就會產生排斥感。

鹽分過高的零食及速食很NG，長時間及高頻率攝取不僅僅容易造成健康亮紅燈亦容易造成孩子的味覺麻痺，久而久之再回來吃家中一般正餐自然就會興趣缺缺。

5. 孩子幾個月要添加副食品，何時才能夠和大人一起吃呢？

建議至孩子六個月大時便可以開始添加副食品，大原則會建議家長們採取少量多樣化，以及另一重點是六至八個月的副食品會建議將其調配的較淡一些，而要讓孩子跟著爸爸媽媽們一起吃同樣飯菜最重要的前提是家長們自身不應該吃重鹹或過度調味的加工製品及食物才是我們首要應顧及的。

6. 孩子排斥的食物可以從一週一次為基準點做練習

孩子討厭的食物可以採一週一次，每次吃一至兩湯匙的量來逐週稍微增加，透過此方式雖然不大可能能讓孩子從極爲討厭吃到變成非常喜歡吃，但多能逐漸增加其食用量，千萬不要用騙孩子的方式說裡面沒有或採強迫餵食的方式唷！

7. 從睜開眼睛到睡覺之前，孩子一有時間就會一直討東西吃？

明明三餐與餐間的點心都有給了，爲何還是一直要？有時甚至還會搶別的小朋友及手足的東西來吃，面對這情形的孩子有以下三項重點：

▶ 觀察孩子的生長曲線（身高、體重、頭圍）

是否落在正常的範圍內，指標若是落在第 3 至 97 百分位之間均是屬於正常範圍，若是落在生長曲線內爸爸媽媽們對於孩子在要食物上就不用太過擔心，但餐間零食給予的大原則仍然應該注意給予糖份或油脂含量較低的，會比較適合做爲點心，例如：天然水果、豆漿、優酪乳、鮮奶、用蒸的地瓜等等均是較合宜的選項。

▶ 多咀嚼

若面對孩子一直討東西吃，從小餅乾到零食、飲料與果汁，只要看到能吃的都不放過，稍微限制就會哭鬧，爸爸媽媽們眞的很困擾的話，那就會建議培養孩子定時定量。定時定量不只是用於這類孩子的正餐，會建議即使點心時間也應該和孩子建立默契，而非一哭鬧就要給，爸爸媽媽們也可以給予孩子需要多加咀嚼的食物，讓孩子需要多咀嚼幾下再吞下去，能幫助讓孩子獲得滿足感之外，尚具有安定情緒的作用。

▶ **轉移注意力，走出戶外**

轉移注意力，帶孩子出門多進行戶外遊戲及運動，若時間上允許可以多帶孩子到附近的公園玩或是在社區中散步，不要讓孩子處於一直會看到食物的環境底下，並且通常帶孩子出去玩時，一直喊餓的情形多半會降低很多。

8. 寶寶為什麼會常會有含飯的情形出現？

常見爲以下三種因素所致：

- ▶ 孩子的專注力其實並沒有在吃飯上，對孩子而言他正在玩遊戲、看故事書、玩玩具，反而感覺家長們正在打斷他。
- ▶ 孩子明明已經吃飽了，但爸爸媽媽們或長輩硬是要全部餵完才罷休，所以孩子就乾脆直接都含在口中。
- ▶ 感冒、腸胃或口腔不舒服。

07 面對孩子穿衣服日常好苦惱，四重點開心學

您家中的孩子是否在一歲半到兩歲時，就會開始搶著自己脫下衣褲，即使動作不流暢、不熟練，當孩子主動表示自己想要來的意願時就是讓孩子們練習的最佳時機。「穿好了沒？快點！要準備出門囉～」，另外一部分的家長們常常向我提及的困擾則是，早上每每要出門時，孩子穿衣服總會拖拖拉拉，總讓爸爸媽媽們急得像隻熱鍋上的螞蟻，不得以只好自己親自幫孩子動手，但這也間接造成孩子失去自己動手的大好契機，同時有些家長們認爲這無傷大雅，因爲總認爲孩子們長大一定會的，接續先帶著各位媽咪及爸爸們來一起探究孩子於穿衣能力上的發展吧！

- **1 歲**：脫掉鞋子與襪子、在協助下穿衣服與褲子（伸出手腳）
- **2 歲**：脫掉寬鬆的外套、可以在協助下拉下褲子
- **2.5 歲**：協助之下穿襪子、解開大扣子
- **3 歲**：可自行穿不需要用鞋帶的鞋子 (但可能會穿錯腳)、穿前開式的外套
- **3.5 歲**：扣上與解開拉鍊、可分辨衣服前後
- **4 歲**：可獨立脫掉套頭衣服、自行穿襪子
- **4.5 歲**：可起始練習分辨鞋子的左右腳

可以透過以下四項訣竅來有效提升孩子們的表現：

1. 孩子穿衣服總會前後不分該如何解決呢？

我們可以帶著孩子先將衣服攤開並平放在桌面，讓孩子把雙手伸進袖子後再套進頭部。此外，家長們也可以利用布偶或是人形娃娃帶著孩子們作爲起始，可以在遊戲的過程中引導孩子認識衣服及褲子的各部分，例如：領子、袖子、口袋在兩旁、標籤是在背面、有縫線的應該在裡面等等概念。

2. 拖拖拖的攻勢！總是搞不定孩子慢郎中的個性

孩子總是慢慢來，剛好又遇上急驚風的媽咪及爸爸們，我們可以如何解決呢？其實最簡單的方法就是提早起床，忙碌的爸爸媽媽們總覺得自己幫孩子換穿衣褲最爲省時，但卻忽略掉孩子喪失學習的機會，長期觀察下來，反倒延長了爸爸媽媽需要協助孩子的總體時間，較爲理想的方式是孩子需要多少時間來穿衣，我們就提早多久起床，給予孩子足夠的時間進行穿戴，同時亦可以免去遲到的風險，最重要的就是確保孩子在過程中能夠全程參與及學習。

3. 爸爸媽媽們希望讓孩子在穿衣學習上能夠一步到位？

穿脫衣物的技巧是由一系列的步驟所組成，因此建議媽咪及爸爸們在家中孩子們在尚未精熟的情況下，先分段讓孩子進行學習，逐漸增加孩子自行完成的量來漸進式達到獨立，例如：脫外套時，家長可以先把拉鍊或鈕扣打開，讓孩子從自己脫下外套此步驟來起始。當孩子出現嘗試的意圖時，爸爸媽媽們應該給予孩子更多的鼓勵，不要短時間內便希望孩子出現如同大人般的成熟表現，免於無形中造成孩子過大的壓力，反而容易造成孩子產生抗拒。

4. 孩子該如何學習穿衣最能提起興致呢？

塑造情境幫助孩子學習最能收到好成效，我們可以透過繪本或是幫娃娃穿衣服的遊戲，讓孩子學會拉拉鍊、扣釦子或分辨衣物的前後及妥善利用穿衣服的順序圖卡等等，透過小遊戲培養孩子的成就感，藉由這些活動讓孩子能夠自主的轉移到日常情境中做應用。此外，當孩子剛開始練習時會強烈地排斥、感覺害怕，這通常並不是因為發展較慢，而是其他情緒上的原因，例如：進行這類活動曾經產生困難與挫折的經驗、衣服設計太過複雜，爸爸媽媽們態度上顯得不耐煩、不允許犯錯，抑或是孩子自己的個性比較退縮，需要較長時間想清楚怎麼做，才能夠有信心自己來。

孩子穿衣服時，有時會出現這個不要、那個不要，其實這是孩子釋出想要自己做決定的訊號，這時爸爸媽媽們不妨退一步，多拿幾件讓孩子去做選擇、例如：三件衣服讓孩子選一件、讓孩子挑選衣服而您選褲子，抑或是星期幾給予孩子能夠全部自己做決定的機會，孩子相對而言就會比較願意配合囉！

08 如何培養孩子正確坐姿以及挑選適合的桌椅？

約 6 至 7 個月大的寶寶，便能夠獨自坐穩，因此於寶寶學會坐之後，我都會建議爸爸媽媽們必須開始留意到孩子坐姿的問題。家中孩子們坐在地板上時，雙腳總是呈現 W 字型嗎？這是否是導致孩子常跌倒的關鍵？網路上充斥許多關於 W 型坐姿是導致孩子形成內八與 O 型腿的訊息，但是否眞爲如此？接續先帶著媽咪及爸爸們來一探究竟這樣的坐姿對於孩子的影響吧！

孩子為什麼會喜歡 W 型坐姿？

大人坐在地板上總是用不了多久的時間便會感到腰痠背痛、難耐，但由於孩子的筋骨較軟，對孩子們而言這類動作其實輕鬆許多。尚未入學或是幼稚園的小朋友在地板活動的時間佔了一天當中大部分的時間，可觀察到許多小朋友常常會出現 W 型的坐姿，這是因爲孩子們可以透過這樣的姿勢讓肌肉在較不需要用力的情況下就能達到坐姿的穩定，因為底面積較大，所以孩子身體不太需要出力支撐。但是這樣的坐姿並非是最有效率的，不僅僅如此，這姿勢更可能造成孩子平衡感及動作協調不佳，長期下來更有可能進而導致孩子腹部、腰部以及下肢的肌力不足。所以當爸爸媽媽即便已經有提醒及指導孩子的坐姿，但孩子們仍然只會 W 型坐姿，或是說換到其它坐姿會感到疼痛時，建議尋求專業協助。

W 型坐姿導致 O 型腿與內八？
孩子有可能變成扁平足？

當孩子在媽媽的肚子裡時是呈現蜷縮的姿勢，因此剛剛出生的寶寶大都會呈現輕微的 O 型腿，我們稱之為生理性的 O 型腿，但到了 2 歲之時，孩子的雙腳會逐漸變直，生理性的 O 型腿也會逐漸的消失，但隨之而來的是孩子可能在 2 至 4 歲時出現輕微 X 型腿，X 型腿是指膝蓋靠攏時，雙腳沒有辦法靠近，產生類似 X 型的形狀。

孩子的腿型變化：O 型腿→直立→ X 型腿→直立，因此在 2 歲之前所出現的 O 型腿，媽咪及爸爸們不必太過於擔心，但若是仍然持續有 O 型腿或是孩子常常有走路跌倒的情況發生，建議需要洽詢相關醫師或是治療師來做更進一步的評估。W 型坐姿可能會造成孩子內八的情況惡化，長久下來更有可能會影響孩子的骨骼發育，以及走路姿勢的異常；而至於扁平足的方面呢？其實在孩子的發展中，3 歲以前的孩子相當容易呈現扁平足的情形，絕大多數的孩子會隨著年齡的增長，足弓的肌肉韌帶隨之發育完成，通常會在 5 到 7 歲逐漸恢復，最晚到 10 歲左右，這類扁平足就會恢復正常，爸爸媽媽們多加留心觀察即可。

我們如何訓練孩子培養正確的坐姿並進一步做出改善？

若是孩子在地上玩耍都是呈現固定的 W 型坐姿，則家長應當多注意，W 型坐姿可能造成孩子比較容易出現駝背與肩下垂，由於 W 型坐姿不需要太費力也間接減少了孩子訓練核心力量的機會，同時造成走路容易跌倒及影響平衡，當孩子出現 W 型坐姿時建議在當下教導孩子採用較正確的坐姿，例如：腳盤坐，透過雙腳在身體中線處略爲交叉；抑或是也可以改採取長坐姿的方式，而何謂長坐姿呢？就是將雙腳伸直向前平行擺放，也就是雙膝伸直的坐姿，這都是相對較建議的坐姿。

爸爸媽媽們也可以透過選擇符合孩子的座椅，讓孩子透過坐在椅子上來避免錯誤的姿勢，但過程中需多加留意確保孩子的坐姿是正確的，否則準備好座椅，但孩子卻身體歪斜、半躺半坐，就失去意義了。我們亦可以選擇附有桌板的調整型座椅，其有助於維持姿勢的控制。此外，當孩子出現過多的 W 型坐姿時常容易導致下肢的肌力不足，因此我們可以鼓勵孩子多加進行戶外活動，利用大動作的活動並於孩子遊戲中多加添入跑、跳等等的元素來有效提升孩子們的肌力。

該如何挑選適合孩子的桌椅？

孩子眼睛與書本之間的距離 35 至 40 公分爲佳，手肘與桌面呈 90 度、座椅的高度要調整到手肘能與桌面同高爲宜，會建議家長們盡可能不要拿大人的椅子來當作孩子學習時的課桌椅，常見椅子高度過高會造成孩子雙腳會懸空、腳也沒地方放，椅子最理想的高度應是剛剛好可以採到地面，確認膝蓋彎曲呈 90 度，坐在椅子上時孩子的身體應貼著椅背，臀部和背部盡量呈 90 度，椅子會建議家長不要選購有輪子的，一來避免閱讀或寫作業過程中旋轉或滑動，孩子也容易隨之扭來扭去，二來增加使用上的安全性，也能讓孩子在學習上更加專心。有些孩子喜歡將頭、背靠在床頭或牆面，把兩隻腳平放，在床上看書的這個姿勢很傷脊椎與骨盆，會建議家長們都應該協助孩子避免出現這類姿勢。

養成孩子好習慣，
改變壞習慣

09 孩子老愛摔東西？五策略幫助家長聰明應對

您家中也有位喜歡拿玩具到處亂丟的孩子嗎？其實孩子亂丟的行為背後有諸多意義。許多媽媽及爸爸們向我反應9個月大的寶寶特別喜歡拿起玩具及東西就到處亂丟，而家中孩子邁入貓狗嫌的2、3歲，則是孩子只要一生氣抓到手邊的物品就開始扔及摔，能扔多遠有多遠，家長們常常與孩子一起陷入了你丟我撿、你大哭我忍耐的惡性循環當中，令家長們著實頭痛不已，到底該怎麼做才能改善？

您知道嗎有些孩子為了吸引大人的注意力才會出現這種行為，當爸爸媽媽們在阻止孩子這類表現時盡可能不要反應過於激烈，常見錯誤方式，例如：音調高亢的大聲喝止，孩子可能因而更想要繼續丟及摔東西，只為了來引發孩子眼中家長們的好笑、有趣反應。

首先讓我帶著爸爸媽媽們一起來檢視孩子亂摔東西的常見肇因吧！有些時候背後可是隱含學習動作的意義，我們可以大致把常出現這情形的孩子年紀分成三個階段：

▶ 2歲之前：

此時孩子們正處於探索周遭環境的階段，因此孩子常常會藉由丟東西、摔東西的方式來學習，孩子會覺得相較於建設性的遊戲，這些破壞性的遊戲及模式顯得有趣許多，而這些行爲在家長眼裡不免會覺得是一種破壞或是具有攻擊性的行爲，常常感到心慌不已，此階段我們不妨順勢陪伴孩子，給予其一個可以合理丟東西的情境，例如：跟孩子一起玩丟球或是將積木丟至桶子裡，讓孩子從中玩出樂趣，前提是務必留意周遭的人、環境及安全性。

▶ 3至8歲：

此階段的孩子常會藉由摔東西的方式只爲來獲取家長們的關心與關注，期望藉此獲得爸爸媽媽們的安慰，抑或是孩子希望藉由摔東西的方式來表示其內心滿腹的不滿與委屈，這是一種孩子常見不曉得該如何表達內心情緒的發洩方式。

▶ 8歲之後：

由於直至8歲之前，孩子的大腦其實尚未發育完全，因此會較難以控制自己的情緒，因而藉由摔東西的行爲來發洩心中的憤怒。此情景便是家長最常提及的孩子愈講愈故意，有些爸爸媽媽們常用吼罵以及要脅口吻，例如：「你再給我摔一次試試看！」，這其實是相當NG的做法，孩子反而會大哭大叫，更嚴重便是再摔一次給您看，甚至採取更加激烈的反抗方式，家長們亦對此感到束手無策。

那當孩子出現上述這些摔東西的行爲時我們該如何解決呢？下列提供爸爸媽媽們參考：

1. 溫合且明確的態度來協助孩子理解

當孩子開始摔東西時，我們應該明確且重複地告訴孩子這樣的行爲在爸爸及媽咪眼中是不佳的行爲，利用明確的態度讓孩子瞭解到不能透過這樣的方式來滿足自己的需求，留意此時家長們不該只是笑笑地和孩子說，否則這樣的行爲還是會容易持續下去。

2. 給予等待的空間及時間，讓孩子的情緒能夠充分緩和冷靜

當家長們制止了孩子的行爲，孩子肯定會更加大哭大鬧，此時無論當下對孩子說些什麼也很難聽進去，儼然像個小霸王，因此讓孩子把情緒釋放完，待孩子情緒緩和一點之後，家長們可以牽起孩子的手或是抱住他給予適度觸覺的刺激也告訴孩子我們在他們身旁，協助建立孩子的安全感。

3. 理解孩子的需求，釐清孩子情緒爆走的導火線

我們常常要求孩子達到我們所希冀的期望及成果，相對地我們也應該做到傾聽孩子的感受，藉此來保持雙向溝通均能順暢，大多數孩子出現不適切的行爲背後都有其動機及原因，因此我們應該給予耐心的傾聽及同理所發生的過程，協助引導孩子自己把情緒及箇中緣由說出來，有時孩子可能是被誤會，只是說了老半天仍表達不清楚，釐清孩子摔東西及爆走的原因，孩子也能從過程中獲得成長與學習，所以別忘了教導孩子慢慢且清楚地說。

4. 避免命令式口吻，大道理儘可能地簡單講

許多家長們常認爲孩子此時也不懂那麼多，因此總是用怒罵

的語氣或是命令式的口吻告訴孩子不要這麼做、不要那麼做，其實會建議家長們與其跟孩子說不要做什麼，不如肯定地告訴孩子現在可以做什麼，給予一個相較明確的指引，能使孩子更加清楚脈絡也能在行爲表現上有跡可循。同時提醒家長們不要用過多命令式或是情緒性字眼與孩子進行對話，因爲這常會致使孩子有樣學樣，認爲透過這樣的方式才能夠達到想要的結果。

5. 讓孩子理解錯誤的行為，要學會自行承擔苦果

最後告訴孩子摔東西會導致的結果，這行爲既不能達成想要的結果，也可能使心愛的東西壞掉，請孩子將玩具或事發現場復原，抑或是我們可以陪著孩子一起收拾他摔的東西、整理破壞過後的環境，從中給予孩子機會教育，透過這樣的方式能幫助孩子充分瞭解到行爲的後果，玩具自己丟壞了爸爸媽媽也不會再買新的，孩子若是一直向您盧就請他預支零用錢出、抑或是從自己現有的撲滿內扣除。

下次不妨試試看上述的五要點，讓孩子改掉孩子發脾氣就摔東西的壞習慣，想要教出孩子的好情緒，家長們要先嘗試接納孩子生氣的心，讓我們一起協助孩子能夠從中成長！

10 孩子生氣就打人、咬人，爸媽該怎麼教？

到底是什麼原因讓孩子如此易怒且暴躁？家中孩子和其他小朋友互動時冷不防就手來腳來，當大人不順其意時就會有動手的情況，究竟該如何解決孩子一生氣就動手的情形呢？孩子的暴力行爲又該如何制止呢？教導孩子情緒上的管理，身教比言教來得更有效，孩子們會表現出這些家長們眼中的暴力行爲其實有三個主要原因：

- 為了吸引別人的關注，想讓大人知道他有什麼樣的表現。
- 從日常生活慢慢累積學習而來的，可能是爸爸媽媽、長輩、老師、同儕及手足，尤其當孩子表現不好、出現錯誤行為就動手打他，便很容易讓孩子習慣將情緒上的壓力用外顯、攻擊性的方式表現出來。
- 口語表達能力不佳，語言發展趕不上情緒的表達，覺得大人聽不懂、無法理解他。

接續列舉五項家長們常見的疑惑，並提供爸爸媽媽們處理策略：

1. 孩子所想的和大人不同，首重釐清原因

若是因爲孩子年紀尚幼，未能充分理解行爲背後之意義，對孩子而言可能僅僅是他打招呼的方式，那我們應該和孩子建立默契，改成以擊掌或握握手、揮揮手等其他較合宜的肢體動作來取代。

若孩子在發脾氣時會出現打自己的頭或撞牆壁，有時是因爲孩子發現用一般方法爸爸媽媽們好像都不能夠理解他、關心他，孩子們只好採取更激烈且明顯的方式。

2. 看到大人發脾氣，孩子會有樣學樣

衝突發生時學會妥適解決，發脾氣時的語氣及語調盡可能引導趨於平緩，有時爸爸媽媽們若眞覺得難以做到，那會建議盡量避免於孩子面前惡言相向。一經詢問常會察覺到，平時爸爸媽媽們溝通或吵架便是暴怒模式或於孩子面前有激烈言詞衝突，孩子是看著父母的背影長大的，自然就有樣學樣。

此外，打人及咬人這類的行爲若沒有於當下進行處罰或禁止其效果就會差很多，例如常見在孩子打完人之後，爸爸媽媽們便說：「不可以打人、不可以這樣唷！」，接著就沒有進一步行動了，會建議家長們述說當下的表情態度要足夠明確堅定，並帶著孩子找出補償辦法，幫助孩子明白剛剛的行爲是不被允許的，避免讓孩子認爲反正每次均是說說而已，不痛不癢。

3. 除了犯錯當下應做立即處置外，爸爸媽媽雙方的態度必須要一致

當錯誤過了一段時間才提及，孩子也不知道自己錯在哪裡，事件發生後應帶著孩子盡快去跟對方（可能是手足、同儕或其他大人）道歉，道歉不要僅僅是停留在口頭上的「對不起」，還要引導孩子把具體内容確實地說出來，例如：「弟弟，我剛剛搶了玩具還捏你，我這樣是錯的，下次不會了、對不起，你可以原諒我嗎？」

4. 孩子的哭鬧總是無止盡，要如何面對衝突場面？

當下避免情緒硬碰硬地直接對撞，會建議將孩子帶到一安全角落或房間協助其冷靜下來，一般正常孩子並不會持續哭鬧

一整天不停歇，和孩子訂立生氣時的轉移目標，可以是畫畫發洩，抑或是到某個角落冷靜均是較理想的做法，若孩子打人的行爲能藉此得到他想要的東西或換得大人妥協，下次孩子容易仍然採用相同模式來進行。

5. 每個人都會有情緒，避免逃避與壓抑

我們的目標並不是要讓孩子壓抑情緒，而是學會正確去處理脾氣的方法，生氣的時候盡可能地慢慢說，而不是用打的，鼓勵孩子生氣的時候到爸爸媽媽身邊傾訴，別忘了給予充分同理與回應。當處理孩子失控情緒及不當行爲時，建議家長能夠利用紅綠燈的概念來教導孩子。

紅燈時，也就是很生氣的時候趕快停下來，心中慢慢默數一到五，一輪不夠，我們就一起數兩輪、甚至是三輪，這也是讓家長避免因為當下衝突氛圍，而口出情緒性辱罵字眼或對孩子做出暴力的行為。

橘燈時，如果孩子仍然覺得怒氣未減緩，就先離開，可以去自己感到較舒適的地方，發洩及塗鴉都可以，前提是安全且不傷害自己與攻擊別人為前提。

綠燈時，闡述與討論剛剛發生的狀況，我們之後再遇到這樣的事情可以怎麼做、怎麼說，常見爸爸媽媽們容易犯的錯誤是一直在說出我們家長自己的情緒，常見的 NG 說法：「弟弟／妹妹，你這樣大吵大鬧我要生氣了、給我靜下來！」，其實這樣只會促使孩子們的情緒更加激動，家長應該先協助說出孩子情緒「我看你好像不開心」、「玩具被拿走，你是不是很生氣？」，讓孩子感受到爸爸媽媽們能懂我，彼此情緒接上線之後進行溝通才能順利，最後才是說出我們家長自身的想法，千萬不要反著做了。

11 養成孩子自動自發的好習慣，不再當吼爸吼媽

我們總期望孩子能夠早日自己起床後不用別人叫就完成梳洗、吃完早餐、收拾整理要攜帶至學校的物品與書包，並跟爸爸媽媽們說我要去上學了，但現實生活中往往事與願違，即使已經與孩子們約法三章，但每當要孩子吃飯、洗澡，抑或是寫作業時，孩子們總是充耳不聞，總要爸爸媽媽們大發雷霆拿出棍子才肯善罷甘休，這是許多家長們向我提及的每日劇場，再給你最後 5 分鐘最後總是淪爲口號，最終一兩個小時後才得以收場，究竟該如何才能養成孩子每日自動自發的好習慣，不必再成爲吼爸吼媽並養出全自動的孩子？下列舉出六項家長們常提出的疑惑並提供六種解決策略：

1. 找出孩子動機，小甜頭做為開端

爸爸媽媽們前期不要過度期望孩子能夠馬上完全自動自

發，我們總是需要提供一些甜頭來做為開端。例如下列兩案例：一、手足彼此都很不喜歡洗澡，但很愛玩水、玩水槍等等，那我們便可以讓先進浴室或先洗完澡的孩子多玩一小段時間，二、時間內寫完作業，可以讓孩子玩積木或選擇自己想要的故事書來做為睡前的閱讀。

2. 對孩子們言出必行，才能夠有下次交涉的機會

例如當家長們答應孩子整理完書包並且時間內洗完澡後就能玩積木 30 分鐘，當孩子做到要求時，請爸爸媽媽們也要言出必行，試想如果孩子依照您的要求妥適完成，但卻換來一句時間太晚了、明天再玩吧，想必孩子的心也涼了一半，輕易許諾或從頭到尾根本沒打算履行，只為了讓孩子完成當下您要求孩子做到的事，當面臨下次交涉便難如登天，因為是我們破壞了親子間的信任在先。

3. 過多口語式命令太抽象，爸媽身教更重要

你要乖才可以！但什麼行為才稱之為有乖？給予明確行為表現且清楚的流程定義，例如起初訓練孩子收玩具或放髒衣服進籃子裡面，爸爸媽媽們應該帶著孩子一起做，並說：「**你看現在衣服跟玩具是不是都回家了？**」用簡單語句幫助孩子理解，同

時提醒家長們，孩子相當重視公平，不僅侷限於手足之間，所以請爸爸媽媽們平日的習慣也應該要留意，不要與要求孩子的事項相衝突，例如下班後外套及包包就隨處放很 NG。

4. 自動自發還要給獎勵，慾望是否會如無底洞？

關注、肯定及擁抱就是一種獎勵，爸爸媽媽們不用煩惱每次總要給孩子們什麼實質物品，家長們常擔心若一直給小玩具、小貼紙一直下去怎麼辦，這邊要告訴家長們不必擔憂，其實孩子們對於這模式會比您更快感到疲乏，所以核心要點在於從中灌輸孩子自律及時間管理好，才能有更多屬於自己的玩樂休息時間，這才是我們要引導孩子從中知曉的。

5. 與孩子共同擬定作息時間，建立基本概念要從小著手

時間觀念對年紀尚小的孩子有時顯得過於抽象，但透過每天作息固定下來，有助於孩子慢慢理解事情之先後順序，例如：早上起床喝完牛奶、吃完早餐就會去公園玩，回來之後吃午餐、念故事書後就要睡午覺，再起床之後就是開心的遊戲時間等等，而到了孩子三四歲時，爸爸媽媽們就可以結合時鐘一併來做教導了。

6. 如何培養孩子能夠自動自發起床

「起床了！到底要我叫幾遍」，您家中的孩子是否不免俗地也需要爸爸媽媽們吼個幾聲，才會睡眼惺忪的起身嗎？甚至有時遲到了、太晚到校還把問題歸咎於父母親速度不夠快、沒有準時叫他起床等等，面對這類情形會建議爸爸媽媽們帶孩子選購其喜歡的鬧鐘，同時培養孩子正常的規律作息也很重要，今天發覺孩子比平時晚了 15 分鐘才進入狀況，前一天就可以早 15 分鐘上床就寢。

12 面對孩子耍賴及愛頂嘴，七策略教進心坎裡

您家中的孩子是否脾氣一拗起來就很兇、甩門、丟東西樣樣來？許多爸爸媽媽們都會有這樣的疑問，明明在家中夫妻雙方或是長輩之間溝通相處和睦，並沒有惡言相向的情形，但爲何孩子總是一言九「頂」。

從穿衣服（選衣服）、吃飯、睡覺、遊戲時間，每一項孩子無不討價還價，每日例行生活事項，孩子就是不喜歡，該如何找出內在動機？許多媽咪及爸爸們常常提及和孩子講任何道理、威脅及利誘盡出，家中孩子總還是愛頂嘴以及大唱反調，到底該如何溝通才能讓孩子軟化並展開對話並教進心坎裡？

有些於大人眼中可能僅僅是雞毛蒜皮的小事，但其實對孩子而言深具有挑戰性或挫折感，如果媽咪及爸爸們此時未能同理孩子，甚至指責「這有什麼好困難的？這麼簡單的事還沒做好！」，這無疑是關上與孩子溝通的窗口。

1. 爸爸媽媽們千萬不要其中一人固定扮黑臉或白臉

西瓜偎大邊，孩子會趨近於對自己較有利的選擇，因爲白臉的扮演者容易讓孩子認爲是合理者，黑臉的態度會讓孩子更加反彈，白臉有時太過放軟會導致孩子予取予求，黑臉終將更黑、白臉更白，甚至造成媽咪及爸爸間鬧得彼此不愉快，甚至是對立，父母遇及教養意見相左時，應該一起溝通並尊重對方的用心，協調出最適宜彼此的一致原則。

2. 孩子想要得到大人們的尊重，其實頂嘴是正在表達抗議

找尋孩子及家長雙方的感受平衡點很重要，試著同理孩子情緒，例如：**「弟弟我知道剛剛中斷你看電視你很生氣」**、**「媽咪知道你現在很難過，哭完再慢慢說」**、**「我知道你想先玩玩具……，但是」**等等，這有助於讓孩子知道他們的感受是被父母們所理解的，即使當下孩

子的要求沒有被滿足，也不至於造成孩子情緒大爆炸。

3. 規範有時太過於嚴苛，孩子感到難以招架

教導孩子很重要的一件事就是把規則訂好，但前提是這規則孩子是否真的能達成，適度稍微超出孩子能力範圍的規定能驅使進步，但難如登天、做不到的事情或不合理罰則建議不要輕易說出口，例如：「你再不乖乖聽話我就把你送人、等等去給我罰跪一小時」，諸如上述這些明顯超出合理範圍了，提醒父母們於訂定罰則時要思考這些處罰方式可能衍生什麼問題，是否反而會造成結局愈加慘烈與劍拔弩張。

4. 過多的命令式語句、才剛動作就馬上就被糾正，孩子感覺像被控制

孩子爆走發脾氣其實背後有原因，孩子內心有時想要自己來，有獨立的意識了，教導孩子過程如果只是用命令、威脅，甚至是棍子拿在手的方式容易適得其反。我會建議爸爸媽媽們先學習將命令式的語句改成詢問句，例如：「**弟弟／妹妹可以幫我把餐桌收拾乾淨嗎？**」而非「弟弟／妹妹，餐桌收一收！」，相信這兩句哪一句孩子比較能接受，結果不言而喻。

5. 最適宜的溝通方式需要家長和孩子共同來尋覓

媽咪及爸爸們不能只有自己單方面訂定規則，需要和孩子雙方進行溝通，共同建立規則，單方面硬要孩子接受，孩子便容易愈說愈故意，訂定大家均能接受的規則，並把討論完成的內容及規則寫在白板上、紙張上，讓孩子明確清楚知道自己答應要遵守哪些規則，另外搭配磁鐵及小貼紙的使用，來註記自己是否有達成目標，更添加其趣味性而非如制式契約般的死板生硬。

6. 情緒失控下，沒有任何人能夠一秒冷靜

大人生氣時，有時說話都會結巴更遑論孩子呢？孩子情緒上來，爸媽同時也火冒三丈，這時候的狀態無助於溝通，建議衝突發生時脫離現場及情境，例如：情緒已經逼近失控臨界點，先和孩子暫時各隔出一冷靜空間，等冷靜下來 3 至 5 分鐘後再處理與孩子間的衝突事件，除了告訴孩子哪裡不對及可以改變的方式外，如果父母們於過程中有錯誤也應表示抱歉的態

度，而非吵完及罵完就結束了，大人也該有認錯的勇氣，不論對象是誰，沒有任何爸爸媽媽天生就是完美父母，親子相處間有摩擦在所難免，但家中一整天都在低氣壓、叫罵聲中盤旋，相信造成彼此身心俱疲，對孩子說正面的話語請盡可能地大於指正及管教時間，指責及謾罵減少了，衝突自然就少了許多。

7. 合理範圍之下給小孩有多做決定與多做思考的機會

給予孩子同理心與回應，但並非大小事情都答應，要傳達給爸爸媽媽們知道的是找雙贏，此時的引導問句便顯得格外重要，例如：常見許多孩子想要獨佔所有玩具，不論是在學校或是在家中，孩子常會說：「這是我先拿的、這個都是我要玩的」，此時建議家長與老師們可以這樣去引導孩子：

「弟弟／妹妹可是你看這邊玩具只有這些」→「可不可以給爸爸媽媽一個理由，為什麼你可以玩或拿全部？」→孩子可能說：「因爲我喜歡／因爲是我先拿到的」→**「可是你看同學也想要玩、弟弟妹妹跟你一樣也好想要玩」**。

透過把大家的需求也明確表達出來的方式，讓孩子盡可能能夠充分理解。

13 凡事都說等一下，如何改善孩子拖拖拉拉的情形？

不論正處於哪一階段的孩子多多少少可能都有拖拖拉拉的壞習慣，洗澡等一下、收拾書包等一下、吃飯等一下、刷牙等一下、寫作業等一下，每當請孩子做什麼事情時，孩子總會說我還有什麼要先做，您家中的孩子是否不拖至最後一刻總是不甘心呢？已經一直提醒了、家長和老師該念的也念了，甚至都使用處罰了但是效果仍舊極差。

拖延的現象每個人，即使是大人多多少少也都會有，但當拖延行爲已經嚴重影響到日常生活、學習與工作上時，便是我們該幫助孩子正視面對的時候了，起初可由責任感與成就感的養成做爲開始，因爲唯有我們自身完成一件事情時有成就感產生，才會有一個內在動力告訴我們，我們該要去完成哪些事情了。

1. 帶著孩子分解任務才不會望而卻步

看到聯絡簿一大堆的作業，不知道從何起始才會結束，孩子不免心想倒不如先做讓自己會快樂的事情，爸爸媽媽們應該帶著孩子逐一事項做處理，寫作業無須說非得從頭寫到尾，把預估孩子今天晚上寫作業的時間，切割成三個段落，段落之間稍作休息一下，當然隨著孩子年紀漸漸增長，我們就應該慢慢拉長每一段落寫作業的時間，休息時間就可以做酌減。

2. 家長不要主動向孩子們開啟你先把什麼做完，我就讓你做什麼的交易

這是因爲有些事情對孩子來說，是一種必要的責任，不論是寫作業、收拾整理書包、吃飯等等，這些是爲了自己而做不是爲了別人，不論喜歡或討厭，這些都是還需要接受的既定現實，不可能因爲不喜歡而有變動。

同時我要傳達給爸爸媽媽們的概念並非不能給獎勵，而是您應該在孩子主動完成、負起責任後，再「突如其來」的給獎勵，這是爲了避免孩子出現錯誤的心態，例如：我今天不想要玩積木、溜直排輪當作獎勵了，所以我就不要寫作業、不要開始做後天老師說要繳交的美勞作業。

3. 孩子想先甘後苦可不可以？

爸爸媽媽們常會問到，孩子下課後說他很累想先休息了、晚上孩子有想看的節目與卡通，孩子想先享受可以嗎？當然可以，但其重點在於和孩子規劃及約定好時間，例如以下狀況劇：孩子說要玩手遊、看電視和看自己喜歡的書，那爸爸媽媽們可以詢問孩子需要多長時間或到幾點，這是需要協調的，而非單方說要到幾點就幾點，最好能搭配使用鬧鐘或計時器效果更佳，常見於看電視、玩手遊這些娛樂上常是親子衝突的引爆點，時間到但演到正精彩卻要孩子抽離簡直是天方夜譚，所以在約定之前爸爸媽媽們就應該注意到這點，我們可以提前和孩子這麼說：「**弟弟／妹妹，媽媽覺得等一下時間到了後，你的卡通會還沒有演完，不然我們先拿作業出來寫一些，這樣等一下就可以多看 10 分鐘了。**」

4. 留意孩子是否在每一項作業都有拖拖拉拉的現象，還是僅僅出現在某一科目而已

孩子們不太可能對所有科目及領域或單元都非常擅長，比較困難或是帶給孩子很大挫折感的科目很容易就出現拖延與逃避的心理，自然在完成作業上所需耗費的時間也會比較久，這

時拖拖拉拉的現象是孩子正在釋放求救訊號，而此時家長們就必須進一步和孩子討論在這一科的基礎建立或概念上有哪些學習問題，我們該如何把孩子教會，或是需要進一步透過其他老師、上補習班的方式來解決。

5. 孩子得學會自行承擔苦果，但爸爸媽媽們要避免冷嘲熱諷

若孩子是因爲寫作業不專心，這邊摸一下、那邊摸一下而導致的功課漏寫，抑或是硬要玩到很晚才導致寫不完作業的狀況，爸爸媽媽們就別再充當救火英雄了，讓孩子到學校之後承擔後果，切記別再幫孩子出手或動腦筋了，因爲作業本身就屬於教育的一環，別忘記父母在其中所應該扮演的角色，我們要讓孩子知道該如何建立自我提醒的機制、妥善規劃與管理時間，這些後果可以幫助孩子下次更警惕，同時孩子於放學後向您說今天被處罰了，爸爸媽媽們千萬不要用冷嘲熱諷的方式，我們的目的在於透過這次機會教育，帶著孩子回頭檢視自己哪一環没做好才會造成今天這個結果，該怎麼避免重蹈覆轍。

14 孩子沒耐性、不能等待該怎麼辦？

家中孩子是否玩遊戲不願意等待、吃零食一刻也不能等、當下就是要玩手機，否則就大哭大鬧等等，我們總希望孩子能夠有耐心並且能夠從容處理生活中各種問題及挑戰，但您是否察覺到家中孩子不能等待的情形有愈加明顯的趨勢，才剛嘗試一下做不好就要別人幫忙？孩子是否總把「我現在就要！」掛在嘴邊、非常容易心急、不能把別人的話聽完，對於自己的慾望總是希望即刻獲得滿足，常見遇到當下無法解決的事情就會哭鬧打滾，例如：叫媽媽時媽媽就要馬上出現在眼前，不然就暴跳如雷；要求當下要玩手機抑或是買玩具，若不能滿足孩子時，孩子甚至出現捶打爸媽及抓狂大哭的情形。

現今由於少子化的因素，容易造成爸爸媽媽們於日常生活中提供孩子過多的協助，其實這無形中正在剝奪孩子培養耐心的大好機會，有時我們因爲擔憂孩子做不好或受挫折於是就親力親爲包辦所有大大小小的事務且對於孩子的任何要求均有求必應，造成孩子缺乏耐心等待、遇及需要重複練習的活動就想逃避，同時也埋下孩子於日後同儕互動上、表達能力以及情緒管理能力欠佳的隱憂。

下列舉出五種培養孩子耐性時家長們常提出的疑惑並提供解決策略：

1. 幾歲之後的孩子仍然出現高頻率「我現在就是要！」的情形應該多加留心並搭配引導教育？

1 到 2 歲的孩子不能等待大都是攸關於生理需求，所以時常出現這種情形時，爸爸媽媽們較無須擔憂，但過程中仍可以搭配簡單語句向孩子傳達，例如：「**媽媽知道你尿布濕了，現在幫你換哦！**」、「**爸爸知道你肚子餓了，現在幫你泡牛奶囉。**」但孩子若是 2 歲以上，別忘了就該開始循序漸進的教導了。

2. 當孩子排隊玩遊樂器材、遊戲時無法等待，甚至容易與他人爭吵，該怎麼辦？

預告對於孩子是相當重要的，尤其當孩子過去於等待時曾有耍賴及哭鬧的前車之鑑，出門前就應該先提醒孩子可能遇及的狀況，例如：「**今天是星期六，遊樂園人會很多，弟弟／妹妹**

你能夠跟其他小朋友一起等嗎？」此外，等幾分鐘後就換你、等幾分鐘後爸爸媽媽就帶你去哪裡，時間對於年齡較小的孩子而言是相當抽象的概念，我們可以利用小時鐘與計時器，當發出聲響時可能就代表著要帶孩子到公園玩，或是吃點心的時間到了，這些方式均能協助孩子理解。

3. 如何強化及鼓勵孩子等待的好行為？

其實爸爸媽媽們不必每次都苦惱於該給予孩子什麼獎品或當下立即承諾下次要帶孩子去哪，有時給予立即的口頭言語鼓勵並搭配擁抱

若於排隊過程中出現插曲，例如：孩子因為被插隊而暴怒，當下我們應該先同理孩子情緒，幫孩子說出其內心感受，接續再給予孩子機會教育。若遇到有孩子總是不排隊，一直插隊到孩子前面，孩子們不知道該如何反應，導致手足無措、一直玩不到，爸爸媽媽們可參考以下兩步驟：

★家長出面時，切記要溫和的告訴那位插隊的孩子，大家都很想要玩，需要排隊讓每個人都能輪流玩到。

★藉此機會教育自己的孩子，不論是買東西、玩公園的遊樂設施，我們都需要排隊並學會尊重他人，不可以因為自己想要快一點或喜歡就一直插隊或搶在前面。

就能有相當大的成效，要留心這類誇獎性的語句，應該盡可能具體、明確，指出孩子好在哪裡，避免流於空泛，例如您可以這樣說：「**媽媽今天發現你前面排了10個小朋友，但你都還是有乖乖排隊、沒有亂跑，真的好棒！**」

4. 小孩放學後有很多事情急著跟爸爸媽媽們馬上分享，但家長們當下分身乏術，可能正在做公事、講電話，該怎麼辦才好？

遇到這種情況，應避免直接叫孩子不要吵，可以先跟電話另一頭的對方請求10秒的時間，跟小孩簡單傳達這件事或這個美勞作品，爸爸／媽媽覺得很棒、很有趣，但可不可以再給爸爸媽媽們幾分鐘，電話結束後再盡快和孩子回到討論內容上，千萬不要虛應了事，容易破壞與孩子彼此間的信任感，同時當孩子和您分享在學校與朋友的互動情形時，家長也較能夠去注意到孩子近期狀況與孩子可能遇到什麼樣的問題，所以請爸爸媽媽們盡可能營造一個安心、開心且讓孩子覺得您有用心聆聽的說話情境。

5. 透過遊戲來教孩子更能帶來好成效

家長們可準備一盒疊疊樂積木，和孩子遊戲的方式，採必須合作將積木堆疊起來，輪流擲骰子，抽掉指定數目的積木，當積木垮下來後，就結束這局遊戲，再起始新的一輪。此外，拼圖也是相當不錯的選項之一，不僅僅是因爲其無法很快完成，過程中每每拼錯，抑或是找不到相對應的就需要更有耐心地不斷嘗試，孩子們需要充分專心與有耐心。在挑選拼圖時也別忘了依循孩子年齡與參考孩子過往的遊戲經驗，程度從簡單到難，一開始若提供難度過高的拼圖恐讓孩子退避三舍，1 至 2 歲的孩子會建議選擇簡單形狀，數量三片以內，材質好握取爲優先考量；2 至 3 歲則建議數量爲八至十片。

15 連續假期如何讓孩子在家開心玩以及主動收玩具？

「我好無聊！」家中孩子每每到了假期時總也把這句話掛在嘴邊嗎？但連續假期到處壅塞，有些爸爸媽媽們想避開車潮或可能因爲工作性質、家中忙碌實在無暇抽身帶孩子們外出旅遊，家長們希望能帶給孩子們愉快的假期回憶，但在家中實在已經玩到不知道該和孩子玩些什麼，或是遊戲過後滿地都是遺留的玩具，孩子說不收就是不收，不論是上述哪種情況想必都讓家長們感到頭疼不已。

在孩子的日常生活中，玩具扮演著舉足輕重的角色，太過單一功能的玩具，孩子玩過幾次之後就丟於一旁，太過困難的玩具容易導致孩子自信心受打擊，挑選到好的玩具對孩子身心發展均能夠有所助益，能從中提供孩子美好回憶與成就感，常見到爸爸媽媽們陪孩子玩玩具時出現的可惜之處，玩具本身雖然多已經有設定該如何進行操作，但還是期許家長切勿過於在旁指導或教授，有時孩子在自行摸索過程中可能挖掘出更多樣的玩法。

1. 添購新玩具，不要一次教完小朋友該怎麼玩

爸爸媽媽們請先讓小朋友嘗試自己動手、觀察孩子怎麼玩，讓孩子玩到沒興趣再引導其可能的第二種玩法。爸爸媽媽們要留意一個重點，我們的角色是陪孩子玩而非教孩子玩，以及玩具的建議玩法並不是不可改變的鐵律，孩子有自己的玩法與想法更能夠激發想像。常見 NG 模式：「弟弟／妹妹這組是卡牌配對哦，我們先記憶顏色，再做數字分類比大小哦，你可以和妹妹比賽」，抑或是遇到操作型玩具，孩子都還沒開始動手，爸爸媽媽們便說：「這個放在這裡、打開後要放在正方形的框框裡，不對啦！那個蓋子要先全部打開、顏色一樣的要排好才對」，聽完太多的限制及規定，若換作家長們想必也很快就興致缺缺、好奇心全失了，同時這種作法亦容易造成孩子專注在玩具上的時間不長。

2. 學齡前的小朋友建議以自由玩耍為主，不要有太多的規則框架

哪些爲自由玩耍的好媒介呢？公園沙坑、文具店可買到

的黏土、水及路旁枯葉均是很棒的物質。例如：葉子黏貼畫活動，不要給予孩子設下制式的作畫規則，就隨興帶著孩子拿顏料、葉子進行黏貼並搭配手掌印在圖畫紙上就是很棒的方式，最後若能幫助孩子融入情境，結合小故事的講述，相信更能讓孩子們樂於其中。

另外在添購玩具時爸爸媽媽們應該考慮該玩具可以讓孩子玩多久，有些玩具很明顯只是暫時滿足孩子好奇心，抑或是僅當作擺飾用途，這類型的玩具等新鮮感與卡通風潮一過，就很容易將其束之高閣了，所以於購買前會建議爸爸媽媽們把玩具的耐玩性納入考量，也就是盡可能讓一種玩具能夠有多種衍生的玩法。

3. 桌遊挑選有三面向，時間、人數與難易度

首先留意桌遊的遊戲時間，可以用孩子的年齡乘上 3 至 5，例如 5 歲的孩子便是 15 至 25 分鐘就好。第二點，人數上的選擇，家中有幾個人可以玩，需要考慮當中手足、爸爸媽媽可能有誰不太愛玩這一類的品項，因此於考量人數上就應該保守些，避免出現 3 缺 1、4 缺 1 或是要盧其他人玩的窘境。最後一點是難易度，選到太簡單的，孩子玩不出太多變化，很快就興致缺缺，並將其打落冷宮；選到太難的玩具，孩子覺得太過挫折，沒有辦法

當我們提供予孩子的玩具高過於其年齡能掌控及理解的範圍，反而容易造成孩子有挫折感產生。此外，玩具的零件及附屬小物件是否過多、容易鬆脫，一不小心可能就讓孩子吞下肚，選購之前爸爸媽媽們多留意檢查邊緣是否銳角尖端過多、繩索過長，或是屬於易破碎的玩具，這些都是家長於採買時應盡可能替孩子把關的重點。

建立成就感，桌遊挑選上可挑比孩子實際年齡略小一點點的產品，也能幫助孩子有較愉快的遊戲經驗。

4. 是否適合孩子的年齡是一大重點，超齡玩具給小孩玩可能容易顯得意興闌珊

從最早嬰兒時期的玩具，可優先考慮黑白圖卡、布書、有豐富聲光效果的玩具、各式不同觸感的玩具，以及可操作敲打的玩具。

階段性地選購兒童玩具從按壓會有聲音的鋼琴玩具→初步分辨各種顏色、簡單配對圖卡與扭轉、穿洞、穿線板和拉鍊等操作類型的玩具→組裝類型的積木或是組合型的玩具、扮家家酒→團體遊戲、益智遊戲及策略型遊戲。

5. 遇到孩子一拖再拖就是不收拾玩具

「不收下次就不買了、不收就全部丟掉、不收以後就不再讓你玩了」，上述這

三句話家長們不知道都反覆說了幾次了呢？但鮮少有家長能夠說到做到，久而久之反而造成孩子覺得反正不收我也不會怎麼樣，爸爸媽媽們只是說說而已，會建議家長們要讓收玩具本身也變成是一個遊戲，例如：「**媽媽和你比賽誰收的快，等一下你讓車車回到車庫、我讓小士兵們先到門口等你。**」此外，遊戲時間進入到尾聲就可以開始提醒孩子們剩下的時間，例如：爸爸媽媽們與孩子約定玩到 8：30 就結束並且該收拾好，您應該在 8：20 時就提醒孩子，可以搭配時鐘來做提示，弟弟妹妹你看再 10 分鐘就時間到了，我們可以繼續玩但用不到的就該開始慢慢收了，若發覺孩子仍然愈說愈故意，或是總是超過時間才收完，爸爸媽媽們可以把超過的時間記錄下來並告訴孩子多出來的部分會從下次的遊戲時間裡扣掉，當你拖的時間愈久其實就是在減少下次自己能夠遊戲的時間。

最後與家長們共同勉勵，陪孩子玩不僅僅是爸爸或媽媽們其中一人的責任，單單玩具本身其實是很難達到一個寓教於樂的效果與功能，唯有搭配爸爸媽媽的陪伴、我們真正用心地投注時間，從玩玩具的過程中了解孩子遇到的問題或面對挫折解決的辦法，從中給予孩子自信心，進而建立親子間親密的連結，相信爸爸媽媽們都能從中察覺孩子意想不到的天賦。

16 鼓勵孩子們做家事大有益處

每次要求孩子們做家事，孩子是否總是心不甘、情不願呢？透過做家事可從中培養孩子的責任感，對物品和居住環境能主動去維護以及訓練處理事情的邏輯、時間的管理安排，有助於孩子的行爲發展。但曾幾何時家中孩子一聽到要幫忙做家事便逃之夭夭或手邊就突然多了許多作業，以及常掛在口中的「爲什麼要我做？」

爸爸媽媽們是否曾想過當孩子還小時就會覺得家事討人厭嗎？當初拿著掃把、提著水桶晃來晃去，就像玩耍一般的愉悅心態，隨著我們的過度幫忙及嬌寵已經不復存在，甚至讓孩子逐漸打從心底認爲這是一份苦差事，也間接剝奪了孩子體驗不同生活經驗的契機，許多時候隨著孩子年紀的增長，我們有時對於孩子處理家務的態度也在不知不覺中改變，一旦孩子未能於時間內做得盡善盡美，於孩子在大汗淋漓情況下便使用否定和指責的口吻告訴孩子、反覆點出缺失，並告知該怎麼做才是較好的方式時，卻忽略孩子聽在耳裡，內心的想法其實是好不容易辛辛苦苦的完成了，換來的卻是告訴我這裡做不好、那裡要加強，久而久之也會讓孩子逐漸減低想分擔家務的意願。

下列舉出五項家長們培養孩子做家事時常見衝突及疑惑和個別解決策略：

1. 不知道該讓孩子從做什麼家事開始最好？

每個年紀的孩子能獨自完成的家事類型當然有所差異，但並非因為如此就得等到孩子年紀更大一些才能做家事，爸爸媽媽們能把家事分段成簡單的步驟，例如：剛從超市買東西回來時，能請孩子把東西進行分類，是該放入冷凍庫、冷藏室，抑或是蔬果室。此外，也可以讓孩子從自己的玩具、故事書自己收拾來開始，一開始的規則避免太繁瑣，不要以訓練到最佳為目標，這樣會造成雙方過大的壓力，爸爸媽媽們可以先從幫孩子準備一個收納箱，孩子只需將玩具全部放入箱子內即可，等孩子年齡漸長可加入教導分類的概念，例如：積木要放在哪個桶子裡、汽車要放在哪個籃子裡、故事書要放在哪一個櫃子上。

2. 孩子完成家事後，爸爸媽媽們是否要給零用錢或獎勵呢？

給予孩子鼓勵而非金錢等外在獎賞，避免等到下一次您不給孩子零用錢時，孩子連隨手可完成的家事都不願意做了，而且討價還價，若爸爸媽媽們真的覺得孩子做得超乎預期，很想給予實質獎賞也請留意應該以驚喜方式較佳，而非事先約定，例如：孩子主動提起要進行大掃除，結束後爸爸媽媽們可帶孩子一起去吃碗冰，並傳達今天很主動且真的做得很好的訊息，不要事先跟孩子約定完成後帶他吃什麼或買什麼玩具作為獎勵，當家事構築於獎勵或處罰之上就失去意義了。

3. 讓孩子瞭解家事不是爸爸媽媽們的事，但用字遣詞應避免命令式口吻

強調孩子是家庭的一份子，從小就讓孩子習慣動手一起做

才是較為理想的教育方式，做家事並非在幫忙誰，大家共同在承擔責任，並且看到自己對家中環境與空間有所貢獻而感到開心，進而內化做家事的習慣。孩子們喜歡聽到正向的鼓勵，不喜歡於脅迫氛圍下被指使，常見的NG說法：「我再說最後一次！趕快把桌上的水用抹布擦乾，不然等一下我就要處罰了」，爸爸媽媽們可以換個方式說：「**弟弟／妹妹你是很棒的小幫手，幫媽媽把桌上的水擦乾，我們都不喜歡在濕濕的桌上吃飯。**」當我們起初希冀孩子做某件家事，卻又過份仔細去挑剔每一個步驟，孩子自然很容易覺得這是件苦差事，請多些正向的鼓勵，相信孩子會隨著時間與經驗愈做愈好，家長的表達口吻常是影響孩子做家務意願的主要要素。

4. 做家事給予孩子選擇的機會，並且確保家庭成員共同參與

於家事進行前能先列一份家事清單，哪些項目需要一起做、哪些爸媽做、哪些自己能獨立做、哪些弟妹也能做，給予孩子選擇的機會可避免排斥感及爭執產生，這樣孩子於進行時會覺得比較開心，做家事時家長盡可能全程一起進行，不要讓孩子感覺只有他一人在努力而家長們閒閒沒事。

舉一個日常生活中能讓家庭成員共同練習參與的大好機

會，那就是準備餐點，許多家長們常認爲孩子才這麼小進廚房不是危機四伏嗎？孩子的力氣可能較小，動作相對大人而言也較不流暢，但其實料理過程中有許多前置作業其實可以放手讓孩子嘗試，例如：攪拌均勻、搓肉丸、撕菜與洗菜，爸爸媽媽們於料理的過程中其實可以讓孩子從旁協助，讓孩子能從中有參與感，親子相處互動的時間也隨之增加。唯一需要特別留意的是爸爸媽媽能在開始之前先教導孩子一些安全守則，例如：手濕濕的不要觸摸插座、遠離火爐與高溫鍋具、刀具先行收好以免孩子割傷，避免隨意將刀具或重物擺放於桌面或砧板上，安全守則溝通好就能讓廚房成爲親子關係的遊樂場。

5. 做家事前先羅列出來與孩子討論，別把「立刻」、「馬上」常掛在嘴邊

爸爸媽媽們換位試想一下，當您在公司，抑或是手邊正有急事忙不過來或正值您的休息時間，上司或另一半卻突然向您說：「我不管，請先停下手邊的事情，幫我……」您會作何感想呢？當孩子完成其作業以及交代事項了，正倘佯在歡樂遊戲氛圍當中，卻一直被打擾及破壞想必心理一定也很不好受。

讓孩子玩得有趣、玩出孩子的好能力

17 五個親子遊戲增進孩子「視覺記憶力」

視覺記憶攸關孩子將眼睛所接收到的資訊記住，並與以前的經驗做整合。您家中的孩子是否在記憶所看到的事物（門牌號碼、電話號碼）容易產生困難、無法記住教導的生字，常常發生看過即忘的困擾情形呢？家中寶貝們也可能因而無法通過閱讀書籍、上課中看黑板來獲取課堂中老師所要傳達的訊息，有時孩子會出現每抄一個字就又要抬頭看一下黑板才行，可想而知這會消磨掉多少孩子的學習意願與體力，進而嚴重影響學習成效，上述這些狀況均是視覺記憶不佳的小朋友經常出現的問題。

在進入視覺記憶力主軸之前，首先帶著爸爸媽媽們來一起瞭解何謂視知覺，孩子在寫字時出現字寫顛倒或少了筆劃、閱讀時跳字漏行、抄寫及寫字總是比同學慢了許多、常常找不到東西、剛看過沒多久的東西一轉身就忘、聯絡簿總抄得亂七八糟實在看不懂，上述這些問題可能和您的孩子在視知覺有問題相關連，視知覺可概分為以下七項目：

1. 視覺區辨

視覺區辨當中包括了辨識、配對和分類，可透過觀察孩子形狀配對是否能找出正確的圖形特徵，若有這問題的孩子常常會因為沒辦法分辨相似字之間的差異處，而會需要花費較長的時間學習認字。

居家小遊戲推薦：爸爸媽媽可以拿著圓形的積木，請孩子在家裡找出和您手中這個圓形形狀一樣的物品，例如：時鐘、瓶蓋和光碟等等。亦可透過「大家來找碴」的遊戲模式，請孩子找出兩張非常相類似的圖片中有哪些地方是不一樣的。

2. 視覺記憶

視覺記憶可透過觀察孩子是否能否記憶之前所看到的事物，將視覺作業分段進行對於覺記憶有問題的孩子相當有幫助。

3. 視覺順序記憶

視覺順序記憶可透過觀察孩子是否可以完全記得先前所看到的排列順序，可能是圖形、顏色、符號、文字等等。

居家小遊戲推薦：爸爸媽媽們可以找尋家中幾隻不同的玩偶先行排列，之後將順序打亂並請孩子進行排列，從中觀察孩子是否能夠排出跟剛剛一模一樣的順序或位置。

4. 視覺空間關係

視覺空間關係可透過觀察孩子是否可判斷物體和物體之間的上、下、左、右的空間關係。

5. 視覺形狀恆定

視覺形狀恆定可透過觀察孩子是否能在變大或變小、方位與旋轉角度不同的情況下，仍然能辨識出是同一圖案、形狀或物體。例如：故事書中的恐龍即使變換方向與大小，孩子還是能夠理解其還是原來的那隻恐龍。

6. 視覺圖形背景

視覺圖形背景可透過觀察孩子是否能從干擾訊息中抽出所要資訊之能力、從雜亂的環境背景中找出特定物品。例如：孩子能夠從裝滿各式玩具的紙箱中找出現在想玩的小汽車。

居家小遊戲推薦：爸爸媽媽們可以找一張物件較多的圖畫請孩子找出當中指定的物品或人物，可隨著孩子能力進步後愈找愈小。

7. 視覺完形：

視覺完形可透過觀察孩子是否能從不完整或部分被擋住的圖形中看出完整圖形或辨識出是什麼東西。例如：孩子在進行美勞課時，即使紙張覆蓋到了一部分的剪刀和彩色筆，孩子仍然能夠知道那是剪刀和彩色筆。

居家小遊戲推薦：爸爸媽媽可用鉛筆畫出一圖案，並擦掉一小部分，請孩子從剩餘的部分猜猜看是畫什麼東西。

另外其實善用幾個記憶策略可能可幫助孩子們更容易記住相關資訊：

- 將作業或事項分割成為一個個的小任務來完成。
- 複述的策略，是指孩子將接收到的訊息一而再再而三地反覆練習來避免接收到的訊息消失，是相當基本的記憶策略，但對於長期記憶的保存效果較不顯著。
- 精緻化的複述策略，讓孩子將所要學習的新訊息與已經學習到的舊訊息（知識）產生相互連結。
- 同時也可以利用外在工具來輔助，例如：平板電腦、錄音機、張貼標籤或提示小卡等等。

接續再提供媽咪及爸爸們五個居家小遊戲，來有效提升寶貝們的視覺記憶能力：

是誰失蹤了：最初爸爸媽媽們可在桌面上擺放 6 件的小物或娃娃，讓孩子們有 10 秒的記憶時間，然後矇住孩子的雙眼，家長拿走其中的 1 件物品，待孩子睜開眼後詢問是哪件東西或是誰不見了。

聰明小畫家：爸爸媽媽們準備一張紙並先畫下幾個圖形在紙

上，讓孩子們有10秒的記憶時間，然後收起紙張並準備另一張白紙請孩子們依序畫下剛剛看到的幾個圖形。

瘋狂換換換：準備一隻玩偶或玩偶圖片請孩子們記下其外觀與裝扮，10秒後調換玩偶身上的配件或玩偶圖片的顏色，看孩子們能否正確察覺是什麼不一樣了。

罐子魔術師：準備三個相同顏色及相同大小的罐子（罐子需要是不透光的）和一個十元硬幣，將罐子的開口朝下，把硬幣放在其中一個罐子底下讓孩子們看到之後並開始移動罐子，停下之後請孩子回答藏在哪一個罐子裡。

數字對對碰：爸爸媽媽們起初先將撲克牌中數字2至數字4的撲克牌挑出來並且充分洗勻後，將數字該面朝下覆蓋於桌面上，讓孩子一次翻開一張，當從中翻出一對一樣的數字後便可拿起放置於一旁，直到全部撲克牌配對完畢，可依循孩子的表現情形逐漸調整難度到從數字2至數字10。

18 教孩子使用剪刀不再心慌慌

「我家的孩子可以拿剪刀了嗎？」、「會不會太危險了？我還沒給他碰過剪刀」、「你要剪什麼，媽媽幫你剪好不好？」家長們是否也曾對著家中剛準備要學習使用剪刀的孩子們說過這些話呢？對許多爸爸媽媽們而言，不太可能讓一個兩歲半至三歲的孩子碰剪刀，更遑論剪圖形與用剪刀做勞作，許多孩子甚至到了中大班的階段都還未碰過剪刀，但您知道剪刀的使用爲孩童手部精細動作發展相當重要的指標之一嗎？

許多家長們考量到孩子安全問題，卻可能無意中剝奪了孩子充分嘗試與練習的契機，因此到了孩子需較長時間使用剪刀的年齡時卻發現比其他同齡的孩子使用上更顯得沒有效率或笨拙，但其實只要家長陪著孩子們一起使用，在確保安全無虞的環境下引導練習，不僅僅能讓家中寶貝們獲得練習的機會，也能增進孩子的專注力和耐心。於孩子初學時會建議優先選用塑膠材質的安全剪刀，其不具有刀片，隨著孩子年紀增長與技巧較爲純熟再進展至金屬刀面的剪刀，盡可能找尋剪刀頭是圓鈍角的，對於孩子而言會較安全。

下列提供媽咪及爸爸們在使用剪刀時可觀察的六要點，在活動過程中可多加留心觀察：

1. 建議孩子幾歲開始學習使用剪刀呢？

建議當孩子兩至三歲半便可開始嘗試囉，剛開始引導孩子練習使用剪刀時，家長們可以先握住孩子的一隻手，帶領孩子學習如何用力，而另一隻手則練習去轉動紙張與調整角度，起初讓孩子能將紙的邊緣剪幾刀或剪破幾個開口即可，不要非得沿著直線剪紙或剪出圖形，這一階段讓孩子享受過程樂趣較爲重要，爸爸媽媽們不要操之過急。

2. 孩子的軀幹是否穩定重要嗎？

若孩子沒有在正確的姿勢下使用常會導致肩頸、手酸痛，因而讓孩子「坐不住或失去興趣」。軀幹穩定性不足的孩子常會出現以下狀況：

常常趴在桌子上、走路彎腰駝背沒有力、常常將身體依靠在別的固定地方上（牆壁、櫥櫃）、明明才剛運動沒多久就說好累。

在日常生活中可以提醒孩子，不論在使用剪刀、畫圖時都可以盡量將輔助的手放在紙張上。

3. 孩子的兩側整合協調性是否良好會影響孩子使用剪刀嗎？

完整的剪紙或勞作活動通常需要由孩子一手拿著剪刀，一手控制紙張轉動的方向並給予輔助，因此雙手有良好的協調性是相當重要的。

4. 手眼協調的能力是否會影響孩子使用剪刀？

這項能力關係著孩子是否能利用視覺的引導來做出修正或順利地剪出他所希望的線條與形體。接續提供爸爸媽媽們四項增進手眼協調的居家小遊戲：

- 家長們可準備兩個磁鐵及一張迷宮圖，讓孩子透過移動下方磁鐵進行前行，磁鐵在過程中儘可能不要碰觸到迷宮邊線。
- 家長們準備一個球拍給孩子，您可以拋擲一小球、沙包或是玩偶，訓練孩子的眼睛和手去追捕動態中的該物體做拍擊。
- 家長們於地板上放置兩至三個不同顏色之巧拼地墊，請孩子拿沙包丟至家長所指定的目標顏色地墊。

▶ 爸爸媽媽們可準備粗的馬克筆，先在紙上畫出一線條或圖形，接續請孩子沿著邊線撕下來；或是準備給孩子幾張不同材質與顏色的紙張，讓孩子撕成小片小片再黏貼至另一張色紙或圖畫上。

5. 對掌的能力是否會影響孩子使用剪刀？

對掌能力會影響孩子剪刀的握法，正確的握剪刀方式需將拇指與中指套入剪刀的洞中，並且利用食指靠在剪刀下方給予輔助與穩定，所以使用剪刀的過程中常需用到大量這項能力來完成。

6. 剪刀起初該怎麼練習才好、要準備什麼圖案來剪呢？

會建議家長讓孩子從剪直線開始，若孩子們協調不足，家長們應於一旁協助穩定住紙張，慢慢訓練孩子的穩定度，待孩子能夠順利地剪直線才進階挑戰沿直線剪紙、剪取圖形，像是正方形、三角形、圓形與螺旋狀等等。

剪刀握把的洞洞千萬不要選擇太大的，有些家長們常認為洞洞大才利於孩子手指穿過其實是錯誤的概念唷，一隻手指能穿過的大小最為適切。

19 四招帶孩子在家就能玩出「空間感」

您家中的孩子是否常常將衣服前後穿反、把鞋子的左右腳穿錯邊、舉起手時左右手時常混淆不清，孩子若出現上述情形常與孩子空間概念尚未發展成熟有關，空間概念不僅僅是屬於一種身體知識，更是日後發展像美術、數學、科學的基石，空間概念發展是隨著孩子年齡增長而遞增，爸爸媽媽們其實需隨孩子的年齡給予適當教導。

我們常提及的空間位置是指物體間的關係，孩子們在學習空間位置時會先從自身與物體間的關係開始發展與理解，例如：我的前面有一張黑色的桌子，隨著孩子年齡逐漸增大才能夠理解物體與物體間的相對關係。平時透過許多簡單指令可幫助讓孩子們更快將這類能力類化到日常生活中，例如：摺衣服時可以帶著孩子學習左右概念、請孩子把玩具放到抽屜的「裡面」或是把碗往「上」疊高。

空間位置包含了物體上下、前後、裡外、左右與之間等細節的判斷能力，這項知覺能力對於理解方向性的語言概念非常重要，特別是在國字的學習上，當空間位置的能力出現狀況，例如：出現顛倒字或孩子將部首寫錯邊的情形，不僅僅如此，空間位置的能力同時也會影響到一個人在空間中的移動，例如：是否會迷路等等。

然而孩子在空間位置的發展上並非一蹴可幾，而是具備其階層性。孩子在空間位置上的學習依據不同年齡而有其相對應的發展里程碑：

- **1～2歲**：垂直
- **3～4歲**：水平
- **4～5歲**：斜線與對角線
- **6～7歲**：左右、區辨反轉
- **8歲**：方向感
- **7～9歲**：空間位置發展完全

對於孩子們而言，上下垂直的方位較容易於區辨，爸爸媽媽們可以多加利用頭與腳之間的關聯來強化孩子對於上下之間的關係。到了兩至三歲時孩子多能清楚分辨上下，然而前後與

左右這類較具有方向性的，因爲會隨著轉向不同的面而有所改變，孩子便較容易混淆，大約到了四歲時孩子能分辨前後與理解衣服及褲子的正反面。那家長們又可以透過哪些方式或是活動將這些空間位置的能力類化到生活中呢？

下列根據空間位置中的能力提供四個居家小遊戲：

斜線及對角線（4～5歲）

小小紙藝家

紙爲家中相當容易取得的物品，我們可透過摺紙的方式，讓孩子學著對折或是折斜線，來從中學習到斜線與對角線的概念。

↔ 左右概念（6～7歲）

身體辨識

「左手舉起來，右手放下來！」、「左手摸右邊的膝蓋！」，這類的指令小遊戲，可以強化孩子對於左右位置的概念，也能建立身體意識來辨別較簡單的身體部位。

櫥窗遊戲

在簡易的方格中貼上貼紙或是畫上簡易的圖案，孩子根據家長們的指令，例如：在小狗狗的左邊有什麼、在蘋果貼紙的右邊貼上西瓜貼紙，亦可讓家中孩子進行搶答或是賓果連線遊戲，指令可從上下左右開始，慢慢加入左上、右下和上方的中間等較複雜的指令，這不僅能訓練孩子的空間位置能力，同時可在遊戲中添加其他媽咪及爸爸們想讓孩子學習的元素，例如：指物命名、顏色理解及大小概念等等。

爸爸媽媽們也能找一張場景圖或另用清空家中一個小櫥櫃，並先擺設不同物品或玩偶於其上，然後給孩子時間先觀察，然後請孩子畫在紙張上，抑或是爸爸媽媽們先將物品取下及調動順序，再請孩子模仿剛剛空間中的排列方式擺放回去也有不錯的效果。

方向感（8歲）

我是大尋寶家

爸爸媽媽們起初可以把玩偶或是小物品藏在家中或是孩童熟悉的地方，繪製簡易的地圖讓孩子來尋寶，去找到所藏的物品，先從孩子熟悉的家中開始，再到戶外的公園或是遊樂場及其他地方讓這個遊戲更富變化性及趣味。

20 面對孩子常分心，如何訓練專注力？

家中孩子是否常在書桌前剛剛坐下沒多久就想起身到處閒晃，抑或是這個摸一下、那個也要摸一下，每當孩子放學回到家後，許多家長反應其夢魘亦隨之而來，孩子寫作業時總是心不在焉抑或遺漏東遺漏西、背誦課文時常會分心，念到一半就去神遊了，媽媽們總要在旁時時刻刻提醒，有時爸爸媽媽們常感覺到孩子叫也叫不動、聽也沒聽進去，一個小時就該完成的作業硬是拖到兩、三個小時，不禁懷疑自己孩子的專注力是否已然亮起紅燈。

許多爸爸媽媽也常觀察到孩子們在寫作業、閱讀及整理東西時注意力很快就分散，於院所中常常遇到很多家長向我回答說：「會啊，這些我家弟弟／妹妹都會做啊，但是因為常常分心，所以有時我還是會忍不住幫他弄，不然擔心小朋友晚睡又沒睡飽。」各位親愛的媽咪及爸爸們，您們知道其實過多的幫助也可能讓孩子對自己的事顯得不專注，在無形當中養成孩子們習慣拖拖拉拉的結果，造成對於孩子的大小事爸爸媽媽們都得事必躬親了，不僅僅讓家長們的耐性及精力逐日削減，無形當中亦剝奪孩子絕佳的練習契機。

在於提升孩子的課業學習專注力上有五大重點，接續讓我帶著媽咪及爸爸們一起一探究竟！

1. 在檢討孩子前，請先檢視周遭環境

造成孩子分心的原因有很多時候並不在孩子身上，我們可以先留意是否為外在環境給予的刺激過多，若是孩子在寫功課時身旁總有過多的刺激物，想要不分心也很困難，學習環境應該簡化一點，例如：桌面上擺著各式各樣的零食、小玩具、文具的吊飾及裝飾品過多，抑或是周遭環境聲音太過於嘈雜，這些因素均會影響到孩子的專注力。

建議當孩子需要專心念書或寫作業時，桌面盡量保持乾淨整潔，只需要擺放必需的文具即可；家長們也不要讓電視開著，一邊吆喝家中寶貝趕緊寫作業，上述這些均是大忌。

爸爸媽媽們切記寫作業中間的休息時間不要給手機、打電動或看電視，因為當休息時間一結束要讓孩子從豐富聲光刺激的情境中拉回到書本堆中不免需要經過一番折騰，二來即使孩子繼續回到書桌上了，腦海中可能仍然停留在我剛剛關卡破到哪裡、剛剛劇情演到哪裡了。

2. 當孩子正主動進行手邊的遊戲或活動時，請家長們不要過度干擾

常見的情形當孩子在玩積木時，家長常會在一旁說弟弟這個是什麼顏色、什麼形狀，可不可以做一台車子給媽媽看？這反而造成孩子專注力無法集中、也破壞了孩子當下玩耍的興致，當然不是要求家長只能坐在一旁、不發一語，您若想寓教於樂或與孩子多些互動溝通的話，其實可善用孩子一項遊戲結束了要轉換到另一項遊戲的空檔才來介入。

3. 一次只要孩子專心做好一件事

每當看到聯絡簿上列著好幾項功課，到底該從哪裡下手才好呢？當孩子左右為難時，媽咪爸爸們不如直接告訴孩子現在該做什麼，並在彼此所設定的時間內完成，如此可以大大減低孩子們三心二意的局面；爸爸媽媽們也別忘記了，當孩子們順利完成一

項耗時較長的作業時可以給予小獎勵，例如：稍作休息5分鐘或是給予口頭的誇獎，但避免給予孩子們過多「物質上」的獎勵，以免當孩子們下次發現沒有物質上的回饋時就選擇不進行或跟您討價還價。

4. 孩子若真的坐不住，不妨起來動一動

良好的運動習慣其實對於培養孩子專注力有相當大的幫助，運動可以增進孩子的肌耐力是協助構築專注力的基礎，因此當孩子們下次在念書或寫作業過程中時常分心時，與其耗費時間和孩子硬碰硬，不妨讓孩子進行短時間的大動作遊戲，再帶著孩子們一起重新回到書本及作業上。

有些家長及老師們給予孩子的處罰可能會因爲孩子不專心、作業没有如期完成，就讓孩子留在書桌前或教室進行抄寫或限制說下課時間就不能夠出去玩，您是否有察覺透過這樣的方式反而造成孩子更愛鬧且更躁動了呢？適度的運動對孩子的專注力而言其實是有實質上的幫助，尤其會建議家長們假日可帶著孩子多進行一些戶外運動，諸如：登山、踢球、游泳等等，對孩子們而言都有相當大的助益。

5. 充足的睡眠與健康飲食至關重要

前一天晚上睡得好，隔日早上才能夠專心，若孩子每日作息反覆不定、遇及假日就日夜顛倒，無疑是一大傷害。飲食方面無論是全穀雜糧類、蔬菜類、水果類、豆魚蛋肉類、乳品類、油脂與堅果種子類，從各類食物所攝取的營養素不盡相同，應多元化的選擇及均衡攝取，同時建議家長們準備孩子的早餐時盡可能避開甜食，應優先選擇富含蛋白質、礦物質及蔬菜水果類對孩子而言會是較適切的選項。

21 掌內肌力不足會影響寫字，握筆學寫字又有哪些重點？

「孩子握筆的姿勢好奇怪」、「太早讓孩子拿筆不可以嗎？」、「孩子的手感覺特別沒力」，出生在網路普及和人手一機的時代，平板電腦與智慧型手機充斥於孩子們的日常生活中，長時間的使用導致許多孩子們缺乏雙手操作的練習機會，致使孩子於探索階段中對於我們過去早習以爲常的使用雙手去觸摸、拿取、抓握等等動作顯得較爲笨拙且生疏，千萬別小看這些看似簡單的動作其實背後隱含大學問。

孩子幾歲開始學握筆學寫字較為適宜呢？

首先提醒爸爸媽媽們孩子握筆第一件事應該是塗鴉，許多爸爸媽媽們看到孩子將筆握起來，便求好心切覺得可以開始帶著孩子的手來學寫數字、名字等等，其實孩子此時肌肉發展尚未良好，臨床上常觀察到當家長過早讓孩子拿筆去學寫字會造成孩子的學習動機下降。而學寫字最好的年齡雖為六歲，但若年齡尚未達到時，孩子便有主動嘗試的意願便可以開始，無需特別給孩子做限制說非六歲不可，孩子有主動動機去學寫字，便可以開始教導孩子了。

使用握筆器或選用三角形較粗桿的鉛筆，這是目前初學習寫字的學生普遍會使用的，而選購與使用握筆器的重點在於剛開始教孩子寫字、握筆的位置與姿勢時可以使用，但慢慢要抽離，不要造成讓孩子習慣且依賴使用握筆器。

在我們雙手的操作表現中，掌內肌力為相當重要元素之一，若是缺乏良好的肌力，在需要抓、握、捏等功能性活動中會受到諸多限制，特別是對於進入學齡的孩子而言更加顯著，寫字的表現、書寫的可讀性和持久度均會有連帶影響，同時爸爸媽媽們可能也會發覺孩子對於筷子的使用上或是綁鞋帶這類表現也會明顯較差。

對於掌內肌力不足的孩子，我們可以利用以下四項小活動來增進孩子們的肌力：

- **撕貼畫的世界**：爸爸媽媽們可以請孩子撕出不同的形狀或是沿著紙張上先行畫好的線條撕取下來，依照圖形的複雜程度訓練孩子的虎口動作以及對掌的控制，也可以先請孩子先用折的再撕下，這些動作都對孩子的掌內肌力控制訓練有所幫助，也可以將其做為孩子在使用剪刀之前的練習活動。

捏捏揉揉玩黏土：爸爸媽媽們可以利用黏土活動，請孩子們將黏土搓揉出不同的大小及形狀，抑或是把小物品，例如：彈珠、鈕扣及小人偶等等，藏在黏土裡，讓家中孩子挖開黏土找尋目標物，這些活動都能訓練孩子的掌內肌力，同時搭配故事以及內容物的改變賦予更多樣的樂趣。

叫我紙球神射手：爸爸媽媽們可以利用家中已經看完的舊報紙或是廢紙，請孩子揉成紙球，並使用膠帶黏貼，可以投入紙箱或水桶中，比賽看誰投進的數量較多或是誰投的距離較遠，用這兩種模式來進行，不僅僅能協助增進孩子的掌內肌力，也能增加手弓的穩定度。

家事中的夾襪子：在日常生活中讓孩子試著曬襪子，這同時亦是培養孩子做家事習慣的大好契機，利用夾子夾取襪子能夠促進對掌的動作、增加手弓與虎口穩定並達到掌內肌力的訓練效果，下次不妨帶著孩子一起做家事，讓這些小遊戲能夠真正落實於日常生活中吧！

22 網路成癮和手機過度沉迷，教會孩子健康用 3C

火車上、捷運上、公車上，隨處可見人手一機，不論是在打遊戲、使用通訊軟體聊天、看影片，抑或是線上購物，沉浸在這樣的一個環境氛圍當中，要讓我們的孩子完全不碰 3C 產品簡直難如登天，但我深刻能瞭解爸爸媽媽們的擔憂，從視力健康、人際互動、情緒反應，甚至也會影響到孩子大腦的發展，但完全禁止是否發現時常換來親子對立與徒增家庭糾紛，到底該如何做才能夠制定有效規範。

您家中的孩子是否每天也總花費大把時間在玩手機呢？「好了！時間到了，把平板給我！」、「再一下下，一下下就好！」，這段對話相信對於許多媽咪及爸爸們而言並不陌生，隨著科技產品充斥日常生活，家長們常常會跟孩子在使用 3C 產品的問題上產生拉鋸戰，每當要孩子交出手機或是平板孩子總是會討價還價，甚至哭得像沒有手機就不活了，每當遇到這樣的問題時，各位爸爸媽媽們往往都是如何解決的呢？其實父母雙方態度一致，孩子才較能夠遵循。

教養議題隨著時代不停地演進，以前我們總會擔心孩子電視看太多，但相信現今手機及平板的過度使用儼然成為令爸爸媽媽們最頭疼的問題，不僅僅是因為近距離的用眼容易導致近視的加深，尚包括當中藍光干擾會影響孩子的睡眠、內容容易讓孩子對眞實世界漸漸失去興趣、減少語言溝通和社交互動的機會以及學習能力亦連帶受影響。

許多爸爸媽媽們也常告訴我，每當帶孩子出門玩，或等待用餐時孩子總是大吵大鬧，為了避免這種尷尬的局面，一開始都會拿出平板或是手機讓孩子安靜、安撫他的情緒，但長時間下來反而造成不給他玩就會開始鬧脾氣。其實這樣的案例相當常見，當孩子鬧脾氣時，許多家長們選擇給予 3C 產品做為立即性的解決方案，幾次下來導致孩子認為透過哭鬧及激烈的情緒反應能成功達到想要的結果，變成一種惡性循環，然而過度使用這些 3C 產品究竟有什麼衍生的大問題、又該如何一一破解？以下分別幾個要點接續帶著各位爸爸媽媽們一探究竟：

1. 孩子無法學會「延宕滿足」

手機或平板這類的電子產品便捷性極高，一個按鍵就能讓孩子在感官刺激上得到立即性的滿足與回饋，然而這樣的結果會導致孩子不懂得如何去壓抑慾望，在缺乏抑制慾望的訓練下，進而造成孩子在未來若是無法得到立即性的滿足會更容易感到焦慮、憤怒。

2. 孩子專注力下降

過多的電視或是電動對於孩子而言無疑是閱讀能力的隱形殺手，相較於閱讀，這類 3C 產品所帶來的多屬於刺激、高速與多色彩音效的訊息輸入，紙本形式上的閱讀對於孩子而言便會顯得枯燥乏味。然而當孩子進入幼稚園或是小學時，大多以書本作爲主要的學習媒介，因爲無法對閱讀產生興趣，在課堂中

孩子就會明顯產生注意力不集中、上課不專心、學習成效低等等問題，因此對於孩子們而言會建議應該多增加些靜態閱讀的時間，抑或是家長可以透過與孩子一起閱讀的方式，帶著孩子去習慣閱讀的情境來從中培養興趣與習慣。

3. 影響孩子社交與語言能力的發展

過度專注於螢光幕上的小小空間常常會讓孩子錯失了與社會環境互動的機會，有些孩子甚至入迷到對於別人呼喚自己的名字時毫無反應，更別說是把注意力放到外界環境中，在逐日缺少這樣社會互動的訓練下會導致孩子在語言表達能力上出現問題，無法有效且清楚表達出自己的意思，甚至於對於眼神接觸的迴避以及排斥，對於孩子的社交互動能力構成相當程度的威脅。

4. 影響孩子視力發展

約 8 歲孩子的視力才發展完全，然而 3C 產品的螢幕較小，並且在使用時距離會較近，長時間下 LED 所發出之藍光會對視網膜細胞造成傷害，而且兒童水晶體透光率高，更容易受到藍光傷害，尤其是在黑暗的環境下瞳孔會放大，使得更多光線進入眼睛進而造成傷害。

家長們應多加注意孩子在3C產品使用上的問題，建議2歲以下的孩子應避免看螢幕，而且此時的孩子正值需要多些真實的互動，而2歲以上的孩子也要限制使用的時間，2至5歲的孩子每日至多以一小時為限，每隔使用半小時就應休息10分鐘並且對孩子進行明確的預告，例如：休息時間你可以看10分鐘的平板，當10分鐘到時家長也須明確地告知孩子使用時間已到，如此才不會造成惡性循環，在一開始對於家長及孩子們雙方而言會很困難，但幾次下來的堅持相信能與孩子建立彼此的默契。

5. 找出除了手遊以外，能帶給孩子快樂的事情還有哪些？

要把孩子從3C產品中抽離需要記住這個重點，爸爸媽媽們都知道要叫孩子不要再看了、不要再玩了，但不玩3C產品之後，家長又要孩子做些什麼事情呢？前期尚未確定孩子興趣時能夠多方嘗試，不論是玩樂器、機器人製作、畫畫、運動等等，觀察孩子進行活動後的反應是否打從心底喜歡、進行時或活動結束後是否會很開心地與您分享他的想法與心得，因爲我們並不是在強迫孩子練才藝，爸爸媽媽們是希望孩子能將其作爲日後休閒娛樂，還是說希望孩子能從中培養學習能力並融入學業當中，這兩者千萬不要將其混爲一談。

譜出孩子人際互動的幸福練習曲

23 從孩子氣質 9 大向度帶爸媽來一一解析

「什麼是氣質？」，爲什麼了解孩子的氣質很重要呢？因爲了解之後，我們才能因材施教。氣質並沒有絕對的好與壞，只有較適切的應對技巧，以及較符合自己孩子的教養方式。孩子的氣質是天生、經由遺傳而來，會影響到孩子日後的處事方式，而後天的類型則是經由孩子與環境間的相處與反應不斷地形塑而成。

氣質可分爲以下 9 個向度：

1. 活動量

活動量是指孩子活動的頻率多寡。有些孩子總是精力充沛，會建議透過一些戶外型的活動來讓孩子發洩精力，像是常到公園、遊樂場等等，而靜態的活動在一開始時間上需求相對較短，建議可先由 20 分鐘開始，隨著孩子的進展再逐步地拉長時間。

若是活動量相對較少，或是動作較緩慢的孩子，家長必須要有多一點的耐心來等待，並營造出讓孩子能夠接受的活動環境，例如：在一開始讓孩子在熟悉的環境與熟悉的家人陪同下來進行，之後再改變環境的變項，以達逐步增加孩子的活動量。

2. 規律性

有些孩子會有固定的生活模式，當改變既有規律的狀況時，孩子常會用哭鬧的方式來展現不滿或是焦慮的情形，當遇及這樣的孩子我們要改變其生活作息時應該在事前給予告知，先幫助他能有一個可預期性的了解來減少孩子焦慮的情緒。

若是孩子在生活作息上彈性很大，對於規律性的生活較不適應時，入學前我們應先給予一段時間培養固定的作息，以便習慣入學後的團體生活。

3. 趨避性

當孩子接觸新的人、事、物時的表現。逢年過節的時候常常會見到許久不見的親戚，孩子往往不敢叫人，或是不敢主動的加入活動與談話，這時建議家長不要與孩子產生正面的衝突或是責罵，應該詢問孩子原因，並給予時間與陪伴，教導適切的應對方式，在機會的練習中孩子逐漸累積與陌生人應對的經驗後，就會逐漸放開心胸。

但若是孩子對於新的人、事、物不感到害羞陌生時，也要考慮到孩子安全性的問題，給孩子建立正確的安全意識。

4. 反應強度

這指的是孩子對於刺激所表現出的情緒行為程度。反應強度較強烈的孩子所表現出的情緒反應較激烈，笑聲、哭聲等都會較大，對事物的喜好也會較明顯。而反應強度較低的孩子對於不滿的情緒常常是悶悶不樂，需要家長特別去察覺，或是有時候會察覺不到他人的情緒反應。這時家長們應教導孩子較適切的情緒表現，讓孩子了解如何去表達以及適度的反應，也可以透過繪本中的小動物、人物來讓孩子學習情緒的表現及同理他人。

5. 感覺閾值

指孩子對於感官的敏感程度，對於引發反應所需要的刺激量。若是孩子的感覺閾值較高，表示孩子對於感官的刺激較不敏感，需要大一點的刺激才能引起的反應，往往會造成孩子尋求強烈的刺激才能獲得滿足，這些孩子在行為表現上看起來會比其他孩童更容易焦躁不安、好動，對於這類型的孩子我們可以透過一些大動作的活動來提升孩子的觸覺反應，或是示範正確的力道讓孩子了解。

但若是孩子對於觸覺或是聲光刺激等過於敏感則表示孩子的感覺閾值較低，有可能別人輕輕一拍就大聲尖叫，覺得對方打他，對於一般的感覺輸入較無法承受，這時候我們先透過較低的觸覺的刺激，循序漸進的讓孩子能夠接受，或是透過身體的按摩來讓孩子習慣。

6. 情緒本質

指孩子表現出正向與負向行爲的比例。情緒較負向的孩子常會發脾氣或是哭鬧，當孩子無法適切的表現出情緒時只能用哭鬧的方式來尋求協助，因此我們應先去了解孩子行爲背後的原因，我們先穩定孩子的情緒讓他冷靜下來，再詢問他發生了什麼事，引導孩子說出內心的感受，並給予孩子多一些正向的思考。平常的時候也應多和孩子聊聊天，讓他得到情緒的同理，以及訓練孩子較正確的表達方式。

7. 適應性

有些孩子需要較長的時間去適應新的環境或是事務，當孩子出現這種狀況時，家長們更是不能急切的逼迫孩子去接受，孩子越是害怕不安，家長們越要拿出多一點耐心。有些小朋友去到幼稚園或是新的環境會大哭，這是因爲對於環境與周遭的不熟悉，但是我們又無法時刻陪在孩子身邊，這樣該如何解決呢？

其實只要給予孩子熟悉的東西帶在身上，並且告訴孩子甚麼時候會去接他，讓孩子對於事務有預期性便可以大大降低孩子的不安全感。

8. 分心度

指孩子是否很容易被周圍環境刺激干擾、吸引。造成孩子分心的原因有時候並非孩子本身的問題，我們可以先注意是否爲外在環境給與的刺激過多，像是桌面上放有太多東西吸引孩子的注意，導致孩子無法專心，或是周遭環境太過吵雜等等。那孩子如果出現專注力不集中時會出現什麼狀況呢？

像是剛交代的是一下子就忘掉、做事拖拖拉拉沒有效率、老是心不在焉等等，這時候我們可以透過一些小策略來幫助孩子，例如：一次只讓孩子做一件事、不要同時間交代孩子所有要做的事，當孩子完成事項後家長們可以給予適度的獎勵，像是口頭獎勵或是肢體上的回饋等，建議較少給予孩子過於多物質上的獎勵，如此當孩子下次發現沒有物質上的回饋時就選擇不進行。

然而，良好的運動習慣其實也可以培養孩子有較佳的專注力，運動可以增進孩子的肌耐力，建立專注力的基礎，因此當孩子下次在過程中分心時，與其逼著孩子繼續完成，不如讓孩子進行短時間的大動作遊戲，再讓孩子重新回到原本進行的活動中。

9. 堅持度

孩子能夠專心從事一件事情的時間長度，不會因阻撓或事情干擾的程度。堅持度較高的孩子其實是一體兩面的，常會發現孩子能夠專心一意的去完成一件事，但是相對的，若是出現哭鬧的狀況會持續較長，也較難去安撫他的情緒。常見的情況像是去大賣場、百貨時孩子會哭鬧求買玩具或是零食，若是無法滿足需求常會躺在地上大哭大鬧，讓家長無所適從，有時爲了排解這樣尷尬的情況，家長只能妥協，但是這樣的退讓有時會導致孩子無限上綱，覺得可以透過哭鬧的方式來獲得想要的結果，反而造成惡性循環。建議家長在出門前先建立規範，先進行告知，在多次的施行下孩子便能知道無法透過哭鬧的方式來得到滿足。

會建議家長們重點應擺在充分瞭解孩子氣質與所處環境是否能適配，接受孩子原本的樣子，學會用心體察並因材施教，同時這也是提供覺察自身性情之契機。

24 培養孩子社交技巧與健康社交情緒能力

您家中的孩子是屬於害羞退縮型、熱情洋溢型，還是常起衝突的類型呢？由於現今的孩子們在成長階段中逐漸缺乏了在各種情境下多方嘗試及互動機會，例如：鄰居互動、家庭生日及過節聚會，手足與同儕間漸少亦是主因之一，因此當家中寶貝們進入學校後或在團體生活上，若仍然維持以自我為中心，便會造成相當大的問題。

孩子很難在學校交到朋友，對團體活動總是不感興趣，想要增進孩子的社交技巧，多增加孩子與各式不同的人互動經驗與模式不可少，可以從以下這七個面向來著手：

過程中可以提醒家中寶貝在與他人對話時盡量能夠保持與他人的目光接觸哦！

1. 各位爸爸媽媽們的以身作則是孩子的最佳模範

爸爸及媽咪們一定要習慣先示範「自然且大方的打招呼方式」，再引導孩子來說出，可同時提醒孩子去觀察對方的笑臉和表情，理解到打招呼、有禮貌，這件事做起來是很愉悅的，同時也能得到回饋，從每日基本的打招呼是最佳切入點，例如：早安、再見、老師好、請幫忙、謝謝你、對不起。

2. 面對別人的要求，要學習給予適當的回應

例如當孩子不喜歡、無法接受別人的邀請，抑或是和其他小朋友已經先有約定時，該如何用適當的方式拒絕呢。例如：「對不起，我已經先和小琪約定放學後要一起玩了。」而不是直接說：「我才不要和你玩呢。」當孩子語言表達尚未能很適切地傳達己意時，爸爸媽媽們其實也可以鼓勵孩子透過很多的表情、手勢與姿勢來做表達。

3. 帶孩子們察覺與控制自己的情緒，學習表達專屬於自己的酸甜苦辣

爸爸媽媽們不要輕忽這一點，帶家中孩子練習觀察與體會他人的情緒，並做出適切的處理，是生活及社交中相當重要的技能。例如：與同學爭執時，也要用適當的方式處理自己的情緒，先冷靜下來或離開現場，而不是直接動手打人、破口大罵抑或是原地哭鬧。平時當孩子出現負面情緒時，爸爸媽媽們可教導孩子一起深呼吸，可以是坐著、站著或躺著，抑或是透過數數到 30 的方式。

4. 對孩子們而言有點艱澀的社交技巧，可藉由故事繪本及角色扮演來教導

可藉由玩偶來練習說：「你今天好嗎？」、「你今天看起來很難過，怎麼了？」，利用各種遊戲及劇本互動來讓孩子學習與他人相處，從中來增進彼此間的人際關係。此外，透過扮家家酒，像是顧客至收銀台付錢、到餐廳吃飯、參加朋友生日派對等等，家長可多設定一些腳本，讓孩子日後能夠更愜意的掌控這類局面，有助於孩子日後減緩面對真實日常生活中的各類情境所帶來的壓力。

建議讓孩子從熟悉且較固定的人開始練習會更容易上手哦！

5. 孩子們是需要練習的，爸爸媽媽們請給予孩子多點等待與耐心

多點正面鼓勵加上協助，例如：「媽咪知道你今天很有禮貌的打招呼哦，很棒！」，減少一些批評責罵，孩子們才不會於互動上更趨於退縮、缺乏嘗試的勇氣。到了孩子年齡更大一些，尚要教導孩子學習聆聽別人把話說完，並多給予回應，而非都是自己在講，溝通是雙向的，我們也需要多聽聽別人的想法。

6. 不過度保護孩子們，但別忘記可以事先預告

讓孩子能勇於嘗試自己主動交新朋友，但在孩子們尚未熟悉時可以事先預告孩子可能會遇到的人、小朋友抑或是情況，引導孩子可以如何應對，也是讓孩子能夠有心理準備，例如：「弟弟妹妹，我們等一下要回外公外婆家，會遇到阿泉叔叔、小文阿姨，等一下可以試著先打招呼！媽媽會在你們旁邊。」

7. 面對愛告狀的孩子，爸爸媽媽們的態度該如何呢？

別當下太快地做處理或指責孩子的告狀行為，首先要釐清孩子的動機，常見主要有以下兩點原因：

❶ 規則與公平性

當孩子常跑去向您說，誰誰誰哪裡做錯了，其實正在告訴您他有確實遵守規則，以及為什麼別人可以而我卻不行的想法。

❷ 為了吸引家長與師長的目光注意力

有時候孩子覺得自己不受重視，好像沒有太多人在意他與關心他，於是便會透過一直告狀的方式，期望讓大人注意到自己。

在面對這類情形我們可以和孩子談談謝謝你跟我說，那你覺得應該要怎麼處理比較好，聽聽孩子的想法再做進一步的處理，因為有時事情本身跟孩子無任何關聯，單純就是想抒發並引起您的注意而已，所以家長們的反應有時無須過於激烈，例如爸爸媽媽們常對孩子說的：「跟你沒關係你不要管、媽媽跟你說你這樣當抓耙子會被同學討厭哦！」這些都是相當 NG 的說法，應該盡可能避免。

25 面對孩子老愛說謊，五大重點要知道

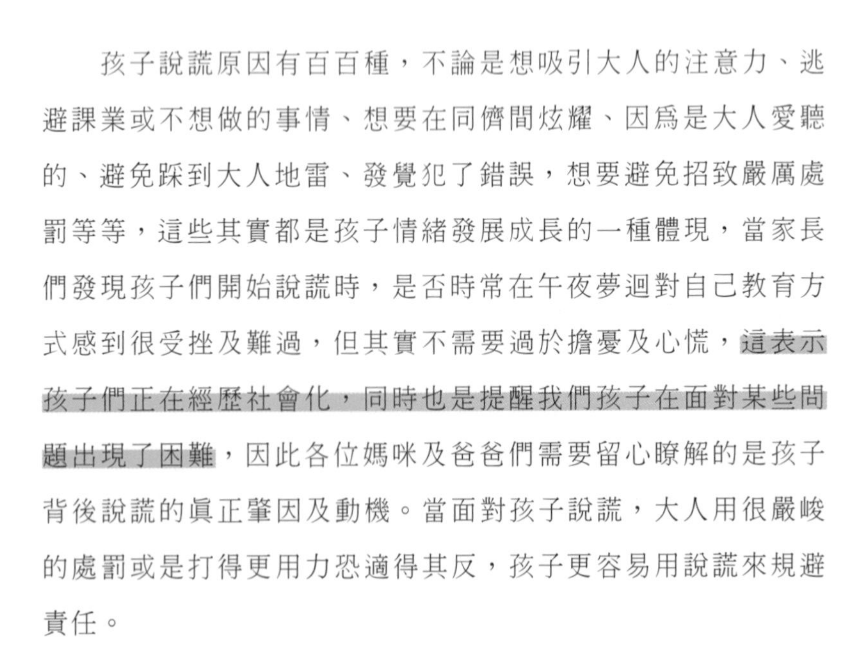

孩子說謊原因有百百種，不論是想吸引大人的注意力、逃避課業或不想做的事情、想要在同儕間炫耀、因爲是大人愛聽的、避免踩到大人地雷、發覺犯了錯誤，想要避免招致嚴厲處罰等等，這些其實都是孩子情緒發展成長的一種體現，當家長們發現孩子們開始說謊時，是否時常在午夜夢迴對自己教育方式感到很受挫及難過，但其實不需要過於擔憂及心慌，這表示孩子們正在經歷社會化，同時也是提醒我們孩子在面對某些問題出現了困難，因此各位媽咪及爸爸們需要留心瞭解的是孩子背後說謊的眞正肇因及動機。當面對孩子說謊，大人用很嚴峻的處罰或是打得更用力恐適得其反，孩子更容易用說謊來規避責任。

接續列舉五項家長們常見的狀況，帶著各位爸爸媽媽們一起著手解決：

1. 壓力太大

有時是因爲壓力太大，在學校裡面犯了錯、成績考不好，但不想讓周遭的人失望，爲了想維持家長心中的期待，遂把成績單、聯絡簿上的家長簽名欄自己簽。具體和孩子討論事件緣由及衍生後果，但不要過於誇大，例如：你自己簽會被警察抓去關這句話是沒有任何教育效果的，我相信絕大多數的孩子都知道不會因爲把成績單藏起來或聯絡簿自己簽名就被抓去關，讓孩子於較有安全感的氛圍，同時家長別忘了釋出我會與你「一起」解決問題的態度，孩子較容易敞開心房與您溝通。

2. 沒有辦法控制自己的慾望，且試圖編造一個謊言來讓自己的行為合理化

例如：他拿了其他小朋友的鉛筆、橡皮擦或玩具，但卻說這是其他同學要送給他的。家長們可以嘗試說：「弟弟你說某某某同學送給你這枝鉛筆或玩具，可是我問他時他說沒有耶，你要不要再想想看是誰給你的？」在當下不要急著破口大罵：「你就是壞小孩、到底是誰教你說謊，再不說實話我等等就教

訓你！」，正面鼓勵誠實的效果會優於懲罰孩子的說謊行爲及威脅不能說謊，巨大壓力之下懲罰恐嚇於此時反而無效，獎賞說實話，同時讓孩子瞭解到說謊最終要負哪些責任才是較理想的解決方法。

3. 透過學習模仿而來，尤其於承諾不履行的情形

有些爸爸媽媽們爲了鼓勵孩子可能會說「這次考前三名我就買平板給你」、「今天先乖乖完成哪些作業及家事，週末就帶你去……」，但全數跳票可能是因爲忘了買了，或是當下僅僅是隨口一句敷衍或臨時假日又有其他工作造成沒辦法出遊，家長們可能覺得只是偶一爲之，孩子不會在意，但孩子們其實一直耿耿於懷，孩子便容易開始出現說到但卻沒做到，例如：其實功課堆積如山，但跟你說都寫完了或自己自行刪減等等。

會建議爸爸媽媽們遇及上述情形應該跟孩子解釋跳票與無法履行的原因，同時盡可能提出補償或折衷的解決方法，讓孩子知道你有把過去說的承諾放在心上。

4. 為了逃避不喜歡或不想做的事情

有可能對孩子而言，課堂作業及任務太難或過於繁重，便說我身體不舒服、這裡痛那裡痛或班上同學不喜歡跟我玩，

所以我不想去了。高壓的互動會讓孩子不敢說眞話，家長們與老師應該充分溝通，找出孩子近期在課堂或學習上遇及哪些困難，而非將重點放在戳破孩子是裝病的事實，這樣有可能會導致孩子另說一個謊來圓，只爲了達到逃避的目的。

5. 過多與過度比較亦容易造成孩子愛說謊

避免反覆拿孩子的表現與成績和其他孩子做比較，因爲不論比較結果如何，其實都會在無形當中灌輸孩子兩個錯誤的認知與觀念：第一，孩子只是藉著贏過別人來證明自己的成功與價值，但我們要教導孩子的不是打敗別人，而是要自己從中成長；第二，每個人都是獨立的個體，人生各自有其價值，這是獨一無二的，不要凡事和別人一樣，也不必什麼都得高於他人一籌。

要請爸爸媽媽們回頭檢視，如果察覺是因爲過度比較而造成孩子愛說謊，那孩子會過得很辛苦，因爲總是有比不完的目標，在此我會傾向建議家長們多鼓勵孩子建立自身榮譽感，進而爭取更好表現。所以要請爸爸媽媽們先試著理解與同理孩子怕被罵而說謊的想法，接續清楚讓他知道，說謊是不對的行爲，我們一起坦然接受結果，最後則是再次表達爸爸媽媽們的關愛，讓孩子能夠理解我們的愛是沒有條件的，不會因爲成績考差或學校課堂表現不盡理想就減少我們對孩子的愛，但仍然別忘提醒孩子在處理這件事情用說謊的行爲是錯誤的，爸爸媽媽會陪你一起做改正。

26 五秘訣教孩子如何打招呼

有禮走遍天下、無禮寸步難行，我們總是希望能夠教出懂禮貌且守規矩的孩子，不論是遇見認識的人時，能夠主動打招呼、關心別人，抑或是懂得多替別人著想，走到哪裡別人都喜歡和你在一起，禮貌這件事情，爸爸媽媽們得從家中就開始做起，尤其是常見的禮貌用語「請、謝謝和對不起」，很多時候常常因為是親密的家人我們就疏於留意，作為家長應該讓孩子理解這些禮貌用語是一種發自內心，表達出開心、感恩或抱歉的心情。另外，有些孩子總是習慣性的說對不起，但說完之後總是反覆地再犯同樣的錯誤，這是因為爸爸媽媽們並沒有讓孩子學會感同身受。

「弟弟／妹妹要有禮貌， 趕快說姊姊／叔叔好呀！」不管是要到別人家拜訪或家族聚會，家長們這句話一日可能重複說了不下十次，該如何讓孩子能主動打招呼，一直是爸爸媽媽們殷切盼望養成孩子的習慣，有些家長們也提及孩子怕生到都不敢叫人，常常覺得很不好意思，不知道該如何是好，其實這背後有多種因素，常見原因：有時孩子是不知道該怎麼稱呼對方才好（需要學習了解不同的稱謂）、叫了之後可能迎面而來諸多問題、擔心對方的反應等等。下列舉出五項家長們常感到疑惑的狀況，並提供相對應的解決策略：

1. 千萬別因為孩子沒打招呼，就在眾目睽睽下說孩子沒禮貌

作爲家長我們應該要換位思考，若直接在公衆場所因爲沒打招呼被指責沒禮貌那會做何感想，這不僅僅會造成孩子羞愧感，孩子認爲自己因爲嘴巴不甜就被抓出來，同時亦會有挫敗感的產生。此外，有時爸爸媽媽們並沒有把對方簡單介紹給孩子知道，突如其來見到面就要孩子跟對方打招呼，孩子自然容易一頭霧水。

透過給予正面鼓勵提升孩子自尊才能收到較佳成效，像是爸爸媽媽們可以改成這樣說：「**媽媽／爸爸知道你今天看到阿姨都很有禮貌的打招呼哦，很棒！**」減少些批評責罵，孩子們才不會於互動上更趨於退縮、缺乏嘗試的勇氣。

2. 父母習慣以身作則，孩子自然也能夠落落大方

孩子是看著父母的背影長大的，爸爸媽媽們一定要習慣自己先示範大方的打招呼，常常很多爸爸媽媽們總帶著孩子一直說：「這個要叫阿伯、這個是阿姨、這個是姑丈等等」，但家長們自身卻忘了應該主動先打招呼讓孩子做爲模範，也能透過常說「早安、再見、謝謝你」等等話語，再引導孩子自然地說出，例如在大人先說完之後，再詢問孩子「要不要試著跟爸爸／媽媽說說看呢？」

若孩子起初真的不敢，您可以這樣跟孩子說：「下次可以靠近媽媽一點，我會跟你一起與大家說嗨和說再見。」

3. 年紀較小的孩子仍然處與社會化的進程當中，爸爸媽媽們別過於憂心

年紀較小的孩子對於社交上繁瑣細節與禮貌尚未能有非常清楚的體認，有時對孩子而言還停留在剛剛畫畫、玩玩具的情緒及情境當中，爸爸媽媽們請偶爾幫孩子打個圓場，因爲他們也還在學習當中，有時帶孩子揮揮手或說聲掰掰即可，不要急著當下一定要求孩子非得講出逐字逐句才行，等離開該場合後再詢問孩子剛剛不想打招呼的詳細緣由。

4. 事先預告，讓孩子能夠有心理準備

作爲父母我們當然鼓勵孩子能勇於主動嘗試，但在孩子們尚未熟悉時可以透過事先預告孩子等一下可能會遇到的人、其他小朋友，抑或是稱謂等情況，引導孩子該如何應對，讓孩子能有心理準備以及時間練習，也請媽媽及爸爸們給予孩子多點等待與耐心，即使是打招呼也不應吝惜給孩子多點鼓勵，尤其對平常不太習慣打招呼或較爲害羞的孩子而言，其實已經跨出相當一大步囉！

5. 教導孩子禮貌當中的「說對不起」是一大學問

您家中的孩子是否在每當犯了錯之後就是堅持不道歉，覺得自己沒有錯或者又不是故意的爲什麼要說對不起，會有這情形產生有時是因爲孩子還不具備有設身處地從對方角度思考整件事情給對方帶來的傷害與負向情緒，**此時家長可以藉由向自己孩子描述對方現在的感受來喚起他們的同理心**，例如：「弟弟你有沒有看到小琪哭得很傷心，如果你的美勞課作品被別的小朋友推到地上了或毀掉了你是什麼感受？」家長們別急著馬上告訴孩子怎麼辦，先讓孩子思考並跟你說他該怎麼負責任，並由他來告訴家長們自己所造成的事件完整過程、覺得錯在哪裡，以及該如何向對方說聲對不起、做什麼彌補，教孩子說對不起是要幫助其自我省思，打從心底感到抱歉而非文過飾非，否則很容易造成孩子把「對不起」掛嘴邊，每當孩子一旦意識到自己不守規矩將招致家長或老師處罰前，就趕快先表達出來，覺得都能透過這種方式讓自己全身而退，相同的錯誤就會反覆發生。

27 面對孩子常常情緒抓狂的解決六策略

「不要再鬧了、你再不聽話我就不要你了、給你五秒鐘，不准哭、每次都講不聽、為什麼又要亂生氣！」上述這些語句爸爸媽媽們曾經說過哪些呢？每當親子間或同儕間有衝突發生、孩子不能獲得自己想要的玩具以及不能夠完全順己意時，總會以扭動賴皮及尖叫哭鬧的方式嗎？相信對許多爸爸媽媽們而言就像是每日上映的災難電影，這是許多家長們長期以來不約而同向我提及的問題，實在已經瀕臨崩潰邊緣了。然而這些問題難道真的如大家所說單純就是因為家裡孩子們很叛逆或愛發脾氣而已嗎？

處理孩子情緒問題之前，首先要釐清原因，事出必有因，孩子常常莫名其妙就生氣及陷入歇斯底里的哭鬧，哭鬧其實是孩子表達需求和情緒的一個管道，有些孩子想要多一些父母親的關注亦會使用此方式，家長們可反過來思考最近是不是較少跟孩子有親密的互動與溝通，孩子的需求是不是一直沒有被滿足、爸爸及媽媽之間的相處模式是否為負向的、孩子用發怒來轉移自身挫折感、對孩子過多的催促及指責、挫折忍受度較低及生理因素，上述均是相當常見的原因。

1. 傾聽及和孩子先建立連結相當重要

同理孩子有助於讓他們慢慢冷靜下來，接續幫忙引導或說出孩子的心聲，讓孩子能充分表達當下生氣的原因與情緒，若孩子什麼都不願意說，媽咪及爸爸們也可嘗試透過用引導詢問的方式，讓孩子們僅需簡單地透過搖搖頭或點點頭方式來做表達。幫助孩子說出當下狀況與情緒，讓孩子能夠瞭解到爸爸媽媽是清楚的且能同理他的感受，例如您可以這樣說：「爸爸知道你現在很生氣，因為時間到要回家了，可是你很想繼續玩對不對？」，當孩子感受到父母能站在自己的角度去看事情，我們才有可能開啓對話的橋樑、進入到孩子的世界當中。

2. 先讓孩子哭完，我們才接著慢慢說和溝通道理

讓孩子能夠從中理解到用說的比用哭的有效，哭鬧無法帶來折衷的結果，事後別忘了要機會教育並融入模擬情境，媽咪及爸爸們能和寶貝共同討論及演練，當之後再發生相類似的情形可以怎麼說或怎麼做，即使年紀尚小的孩子也會有煩惱、有時也會有需要大人們來幫助抒解情緒的時候，千萬不要忽略掉這些兒童常遭遇到的情緒困擾問題，引導孩子去做開心及喜歡的事情，但以不傷害自己和他人爲前提，例如：玩黏土、扮家家酒、拍打枕頭等等都無妨，孩子能夠從中明白即使遇到心情低落或生氣，都能夠被爸爸媽媽接納且一起找出解決的辦法，日後當孩子遇到問題才會願意主動敞開心胸和身邊的人表達。

3. 透過故事及繪本是相當好的方式之一

故事與繪本其內容藍本常爲現實生活中的人、事、時、地、物，媽咪及爸爸們可以向孩子講述故事中人物或動物發生的情況來討論其中所衍生出可能的相關感受，於孩子熟練瞭解之後，也可以透過爸爸媽媽們和孩子一起進入角色，做一個小劇場，讓彼此做角色扮演並分享自己的感受，有助於熟悉如何應對日常生活中的事件。

4. 要提醒爸爸媽媽們孩子的不安與憤怒情緒其實並不會隨著家長們說「別再哭」或「別再大叫」而消逝

不要急著於孩子們情緒最高張或最暴躁的當下就希望能完成所有的機會教育或闡明家長底線在何處，孩子願意順從與父母親訂定的規範與意見，前提是要帶著理解才具有其意義，孩子知道父母為什麼要他這麼做、爸爸媽媽們為什麼要這麼說，而且自己有責任要去遵守才是我們希望達到的結果，與孩子建立有趣且親密的互動溝通管道都是需要磨合與練習的！

5. 與孩子協調規劃出一個冷靜區

爸爸媽媽們在孩子活動範圍內，找一個相對安全並且較少其物品會吸引孩子注意力的位置，像是牆壁角落、房間角落等等，並確保過程中家長要能觀察到孩子的情形，而非將孩子獨自關在房間、關在廁所，甚至是鎖在門外這些都容易招致反效果，同時我們要讓孩子理解

第3點所提及的繪本或故事的情節不要挑選太過於複雜的，內容盡可能的簡單、選取的角色人物特質要足夠鮮明，並且建議可以先從孩子熟悉的故事來開始，而每次只將重心放在介紹一種情境及情緒便足夠了。

到去到冷靜區不是要懲罰你，是要幫助他平復情緒。

6. 爸爸媽媽們不要把孩子說的氣話全往心裡去

「我最討厭你了、我不要你當爸爸／媽媽了！」，面臨這類語句父母聽在耳裡的壓力也很大，同時也筋疲力盡，負面情緒無形中會一直持續侵蝕親子關係，有時孩子並不是針對你，尤其是在學前階段的孩子，無論是在處理情緒和口語表達的方式均有別於成人，作爲家長我們未必要接受孩子所有的行爲，但孩子的情緒表達與感受，我們應該盡可能地做接納，當下採情緒性的語言回擊可能會對彼此造成更大的傷害。

28 面對陌生人如何應對？教懂孩子身體界線

新聞中每每出現陌生人接近孩子或是直接抱走的情形，甚至是孩子到公園玩時有陌生人不停地接近或於孩子身旁喃喃自語，這些情況無疑讓爸爸媽媽們心驚膽顫，一方面我們擔憂小孩走失或被陌生人直接誘拐與騙走，想教導孩子學習會保護自己，但又得不失禮儀成爲一大課題。

有些爸爸媽媽們曾向我提到孩子太過熱情，對陌生人都沒有防範之心，總覺得就是在玩，也不以爲意，對於陌生人的肢體接觸也沒有任何的戒心，家長們無法時時刻刻待在孩子身旁保護他們，而壞人的外表並不會顯露於外，萬一眞的不幸遇上不懷好意的陌生人，孩子又該如何應變？常見許多家長們爲了確保孩子安全，平時會一而再、再而三地教導與提醒孩子：「不要和陌生人講話」、「不要亂跑，到時候被壞人抓走」、「陌生人給你餅乾、糖果或玩具都不能拿知不知道」等等，但是這樣真的就能充分讓孩子瞭解到背後隱藏的危機嗎？接續帶著爸爸媽媽們一起留意以下四大重點：

1. 最容易不小心走散的熱點多留心

例如：大賣場、遊樂園、公園及百貨公司，爸爸媽媽們若帶孩子到上述這些地方玩時不要亂走，彼此最好能事先約定當走散時在哪一區塊找對方，或者是爸爸媽媽就和孩子說我會在哪邊等你，盡可能找明顯目標物，讓孩子清楚理解，爸爸媽媽們在過程中盡可能盯著孩子們，若是帶手足們出門真的無暇分身，請優先看顧年紀小的孩子。

另外一個方式是迷路時請孩子待在原地不要動，讓爸爸媽媽們去找，或者是教導孩子可至每一層樓的櫃台或服務中心，當發生這類情形孩子對於基本資料的背誦就顯得極爲重要，當然我們不是在做戶口普查，可以讓孩子記得電話號碼與父母親名字即可，不必把家中每個人的資訊或地址倒背如流。

2. 教導孩子察覺異樣就往人多的地方靠近

當覺得遇上奇怪的人靠近，就請孩子盡可能往人多的地方靠近，例如：便利超商、警察局，另外若是在上下學途中，會建議爸爸媽媽們實際帶著孩子們多走幾回，同時注意以下兩項要點：

▶ 熟悉上下學路線與避開安全死角

讓孩子知道把安全考量擺在第一位，切記勿帶孩子走狹小暗巷或是較少人經過的偏僻捷徑，甚至向孩子說哪一條比較快，試想當孩子下次自己走時，想到爸爸媽媽們上次好像有走過這條，無疑是將孩子暴露於危險之中。

▶ 盡可能帶孩子熟悉路程上的幾位店家

或是常去買東西的老闆叔叔及阿姨，這些都是能當孩子遇到危險時能去主動求助的對象。

3. 孩子可以熱心，但不必事必躬親

我們並不是要孩子冷漠，教導孩子即使幫助人也可以優先尋求認識的大人協助，這樣也算是幫助陌生人，千萬不要在一對一狀況下就跟著陌生人前往，一方面於大多數情況下當大人遇到問題需要尋求協助時並不會找小孩，孩子如果非常活潑外向、不懂得拒絕別人，可以教導孩子們這樣說：「我可以請認識的大人或老師來幫你的忙好嗎？」，大原則六歲之前應避免讓孩子單獨出門，遇到異樣要學會大聲呼叫，盡可能吸引周遭旁人駐足留意。

4. 做自己身體的主人，帶孩子了解自己和他人身體的界線

建立身體界線會建議家長們於孩子兩、三歲時就可以開始引導學習了，每個孩子能忍受別人碰觸自己的限度並不相同，每個孩子都有權利去決定自己的任一身體部位不要被碰觸，即使是手臂、背部、臉部跟頭部這幾個地方，並不僅限於私密部位，如果整個過程孩子感到不舒服，都需要教導孩子積極主動的大聲拒絕，常見許多相當錯誤的觀念，有些時候明明孩子已經有點在反抗掙扎、表情不對勁時，卻還換來大人說道：「阿

姨／姊姊只是看你可愛，所以摸一下你的頭，不要那麼小氣」，如此無疑是加深混淆孩子對於身體界線的概念，所以當您的孩子已經明確表達，請身邊的大人就應該給予尊重並收手。

有高達 75% 的性侵案件都是熟人所爲，所以比起一味地保護孩童，灌輸自我保護觀念更重要。若是孩子年紀尚小，不懂得如何去界定這個範圍，可以用「只要是穿著衣服的地方均不能觸碰」來幫助孩子有個初步的概念，教導孩子身體界線，不要敷衍了事，常見許多時候爸爸媽媽們不在，親戚或長輩可能跟孩子有一些互動與身體接觸，而孩子跑去向爸爸媽媽們說時，家長常會說：「他只是覺得你很可愛、漂亮，所以抱抱你、摸摸頭，這個又沒有怎麼樣，没什麼關係的。」這是相當錯誤的觀念，教育孩子正確的觀念從這些小地方便需要多做留心。

29 培養孩子挫折忍受力，身教最有效

您家中的孩子是否常因爲積木模型組裝不好、遊戲時輸了、與人互動溝通上不能順己意，抑或是比賽輸了便會轉身不玩或大發脾氣呢？又或是稍微遇到難度較高的遊戲或未曾碰過的事情便站在一旁躊躇不前呢？家長們常常將這類行爲的表現歸咎於孩子没耐心所以才會有愛生氣等情緒表現，但孩子每當遇及較爲批評式的言論，或是遇到不順心的狀況時就難以接受，原因眞的有這麼單純嗎？

人的一生當中不可能一帆風順，做爲父母我們都希望孩子在面對未來能夠正向去面對大大小小的挑戰，且有條不紊地處理各式壓力或緊張情緒，但是挫折忍受度需要後天訓練與反覆經驗積累的，爸爸媽媽們千萬不要認爲這只是眼前小事，隨著孩子年齡增長自然就會學會調適，日後遭遇挫折或面對新環境時，可能孩子就更容易顯得焦慮、緊張或易怒。

1. 了解孩子對事情的看法

孩子會認爲自己表現不好而感到難過、出現情緒潰堤等負面情緒，主要多不是由於挫折事件的本身，而是孩子對於這件事的看法與想法。其實父母親自身面對問題的心態至關重要，正視眼前的困難與癥結點，觀察下一步可以做些什麼，若家長面對問題與麻煩都習慣先擱置或一遇到突如其來的意外就破口大罵，甚至是以拖待變，孩子自然容易有樣學樣，遇到困難第一個浮上腦海的方式就是採取逃避的態度、拖過一下是一下，作爲家長我們得學會以身作則，不要擔心在孩子面前出錯、犯錯很丟臉，當我們能夠毫不避諱地去分析這次的錯誤，並和孩子討論您是如何持續嘗試並找到解決方法的跌跌撞撞的過程時，告訴孩子們這些感受並不是只會發生在你身上而已，孩子更可以確信自己也可以像爸爸媽媽們一樣，逐一面對問題並解決它。

2. 從小地方就該開始準備，
而不是在孩子情緒崩盤後家長才想著該如何收拾

找出最適當的挑戰很重要，家長平時就應該給孩子適時的挑戰，在孩子能力範圍內所及，鼓勵孩子多做一些，當孩子達到目標，別吝惜給予鼓勵與稱讚，也讓孩子從中獲得成就感，這相當有助於孩子自信心的提升。過程當中受挫，孩子當然可以把情緒

發洩出來，學會如何表達很重要，即使是爸爸媽媽們遇到無法順利處理的公事、煩心的事積累可能也會有生氣及哭泣的情形，更遑論孩子呢？常見孩子在遊戲輸了之後大吵大鬧且生氣，會建議爸爸媽媽們充分進行事前溝通與引導孩子正確心態很重要，例如您可以這樣說：「**弟弟／妹妹你說想玩大富翁，爸爸問你哦，等一下我們四個人一起玩，會不會有四個第一名？**」→孩子過去若已經有玩過的經驗多會回答：「怎麼可能！有人會破產沒錢、有人會變成大富翁一直買房子」，我們都知道運氣和好的策略都會影響遊戲結果，引導孩子自己說出遊戲當中可能有人贏有人輸，任何人都有可能扭轉局勢這點很重要，當結果不盡孩子的意時也較能夠坦然接受，結束之後也別忘了讓孩子表達今天的各種情緒，協助孩子能做正確的情緒管理。

3. 沒有獨自面對挫折的孩子
是難以學會找出最合宜的問題解決能力的

適時地袖手旁觀是門大學問，讓孩子找解決辦法，舉一狀況劇讓家長們參酌：您的孩子是否有在餐廳打翻水、打翻餐點或打破了杯子的經驗，當桌面杯盤狼藉、飲料灑落一地，作為家長您會怎麼處裡呢？有些家長第一時間可能是指責孩子說我剛剛不是提醒過你，還是您都親自幫孩子處理當下局面並向店家道歉呢？較爲理想的做法應該是要帶著孩子想辦法，一起收拾擦拭與清理，共同去向老闆道歉，甚至家長若已經有在給予孩子零用錢了，爸爸媽媽們幫忙賠償一部分，孩子也理應拿出自己的零用錢去做賠償，因爲爸爸媽媽已經提醒再先了，不要在餐廳裡奔跑或把碗盤推進去一點，但孩子仍然沒有遵守與注意，讓孩子學會承擔後果，這也能幫助孩子去思量往後面對問題要如何才能善後與理出解決策略，而不單單是站在原地說我知道錯了。

現今家長們愈生愈少，對於孩子總是呵護備至，凡事都幫孩子打理好，也急著滿足孩子的各類需求，深害怕延誤到孩子，無形之中造成孩子一旦有需求或情緒上沒有被滿足就覺得倍感挫折，自然而然當孩子反覆感覺到困難受挫、需要獨自面對挑戰時，第一個想到的方法就是逃避它。

4. 當孩子面對挫折的經驗不足，家長卻想要孩子能獨自從失望、困境中學會站起，實在是強人所難

孩子面對挫折時，第一步我們應該試著同理孩子的生氣與難過心情，幫助孩子認識和覺察到當下帶給他的情緒與挫折。許多爸爸媽媽們在孩子面臨挫折或做不好時發脾氣，其態度非常強硬、不耐煩，或是嘴上說：「別人都可以、這又沒有什麼、

這有什麼好哭的？」這些話語均無助於緩和孩子當下的情緒與培養挫折忍受度，當爸爸媽媽們習慣於一出現狀況就先責怪孩子，孩子會更容易萌生放棄念頭且愛發脾氣，甚至容易使孩子對自我價值產生懷疑，學習用正向言語取代指責，不過度批評，適時的協助，孩子才能漸漸有耐心。盡可能不要一開始就去挑剔孩子不好的部分，先著眼描述好的部分，讓孩子有成就感之後，才接著講不理想、可以再加強的地方。

第二步，分析過程、原因及該如何修正，可能是因爲鬼抓人爲什麼每次都是自己孩子當鬼、大富翁都沒有拿過第一名、明明很認眞寫作業了卻總是被嫌棄寫得不好看，下次再進行時有哪些方式是可以改變及學習的？討論過程中請家長主動釋出給孩子理解到爸爸媽媽知道你已經很努力了的訊號。舉一家庭中常見的狀況劇像在孩子寫完作業後，家長在檢查孩子作業的時候常常會說：「這邊寫錯了、這行歪七扭八，擦掉重寫！」鮮少有家長能夠說：「**弟弟／妹妹你這一行寫得很漂亮、端正，我希望旁邊這行也能夠和它一樣**」，最後提醒爸爸媽媽們 3 至 4 歲是培養挫折忍受力的關鍵時期，同樣的問題其實有多種解決方式，學習羅列出各種方式的優缺點及可能結果，才能夠成爲孩子日後帶得走的能力。

打造孩子學習力，一同檢視孩子的學習現場

30 托嬰中心怎麼選才安心？四大指標不可輕忽

許多家長們都有共同的疑問，當孩子開始去托嬰中心以後就常常反覆生病，剛好沒多久間隔不到兩三個禮拜就又感冒了，問題究竟出在哪裡？

細菌及病毒，大部分透過飛沫進行傳播，托嬰中心當中小朋友數目相對較多，若有時加上托嬰中心某些地方空間配置上較為擁擠或是衛生習慣較差，風險自然就會高出許多，所以托嬰中心是否建立良好的衛生習慣、教具與玩具是否有定期清洗與消毒、託藥制度是否完整落實均相當重要，例如：當天在校所需的分量、姓名標示、內容確認（涵蓋了日期、姓名、醫師診斷原因、藥物劑量、服藥時間、家長簽名以及老師在給藥後是否於託藥單處簽名），整個流程步驟是否做到確實查核及詳實紀錄等等。

而另一面向便是家長們最憂心的托嬰中心虐童事件及意外頻傳，即使評鑑甲等的私立托嬰中心亦曾出現虐童情事、師生比不符、收托年齡不符和超收兒童等問題，不禁讓家長們感到人心惶惶，除了衛生、現場照顧技巧、硬體設施、機構規範及人員配置均須具備外，究竟如何選擇一個好的托嬰中心，又有哪些地方是家長需要特別留心的重點呢？

首先政府同意立案的證明書不可少，留意實際地址與證明書上是否相符，托嬰中心應有監視器設備來確保孩子是否有遭受不當或不合宜的照顧對待，同時亦能幫助釐清傷害與相關事故發生的原因，接續提供家長們選擇托嬰中心的觀察四要點：

一、托嬰中心的師生比例應為1比5，未滿5名者以5名計，但實務上會建議選擇1比4為佳，老師們較能提供予孩子完善照料。

二、平時建議家長們教導孩子自我保護及身體界線之概念，如有身體的碰觸不舒服要讓孩子能學會表達情緒，以及當孩子的言行舉止突然變得與以往不同，例如：忽然極為排斥上學、情緒不穩定、長時間哭泣及生氣均有可能是警訊。

三、返家幫孩子洗澡時，留心觀察孩子身體與四肢上是否有不明的傷痕？應與老師充分溝通是人為或是意外所致，聯絡簿上是否有完整呈現，還是僅僅虛應了事。當問及孩子的問題時，老師的情緒管理與處理方式為何都應該注意。

四、瞭解托嬰中心的老師流動率高之主因，若照顧者的工作環境差、工時長及待遇條件很糟糕，其工作情緒難免受到影響，有優良工作環境及心情的老師，自然較能提升孩子們照顧品質。

面對托嬰中心與日俱增，於送托之前不能只是端看學校表面的評鑑就全然信任，而是得透過實際參訪觀察，參訪過程中觀察要點是其中的托育人員是否需要經常性移動至各個不同區域，像是廚房、行政區和兒童遊戲活動區等等，若有的話，那麼便需留意教師是否要身兼數職，對於照顧較爲年幼的孩童，此情況就不太理想，以及透過其他同學和老師之間的互動模式來充分瞭解是否適宜自己的孩子亦是較爲實際的方法之一。

31 面對開學症候群，不再哭著上學

「媽媽我可以不要去上學嗎？」長假玩到瘋、收假難溝通，對孩子們而言，經過了一段與原先學校生活迴異的作息後，爸爸媽媽們要幫助孩子們收心，確實讓許多家長們感到大傷腦筋，部分孩子們不想起床、愛哭鬧，甚至容易出現焦慮、情緒起伏較大、上課不專心等反應，究竟這類開學症候群該如何解決呢？下列舉出七項家長們常見的疑惑，並提供七種解決策略。

1. 如何讓孩子們知道該開始收心了？

不要冀望孩子於開學前一兩天就能把心情全都調適轉換好，爸爸媽媽們可以提前帶著孩子一起把假期時出遊的玩樂照片或紀念品做整理及回顧，可以透過寫寫圖畫日記、將明信片與照片整理成冊的方式，讓孩子能夠留下美好的回憶並帶著孩子一起整理書包和買新文具、丟棄不要或是已經毀損的舊文具，幫孩子開學做提前準備。

當孩子已經上學幾天了，但卻又開始出現排斥與哭鬧時，常見與學校生活作息、規矩與同儕的互動有關，請給孩子多一點時間去適應，有些家長會用半要脅的方式說：「你再哭媽媽就不去接你了、羞羞臉你看其他小朋友都沒哭！」，這些都是相當NG的說法。

2. 逐步調整孩子的睡眠時間

以漸進式的方式來提早孩子前一晚的上床睡覺時間以及隔日起床的時間，每日建議以十五分鐘爲單位做調整，這會比一下子就強迫孩子回歸正常作息還有效，太大的時間落差容易造成孩子感覺更加疲累。孩子要從鬆散的作息轉變成有規律、擔心開學之後面對同儕互動及學習上的困難，難免都會感到抗拒害怕，家長們應抱持開放態度，鼓勵孩子回到家後和無論是讓你開心或緊張害怕的事情都可以和爸爸媽媽們做分享，我們一起來解決。

3. 精神不濟、沒食慾，甚至情緒起伏大，會持續多久？

一想到要回去上學就感到情緒低落、緊張焦慮、覺得全身無力，孩子返回學校生活、逐漸適應後，狀況多會在一至兩週內趨緩。若時間超過一個月，家長們便需多做留意，會建議家長們可透過假期結束前的二週開始酌減玩樂時間、慢慢恢復上學的作息，讓孩子準備收心面對新學期的到來，即使遇及週末也盡可能維持孩子飲食均衡與作息正常，不要到了開學前一週的週末仍思量著如何大玩特玩、度過最後歡樂時光。

4. 調整飲食與適度運動，缺一不可

這段期間應避免孩子攝取過多的飽和脂肪酸、含糖飲料或茶等含有刺激性物質之飲品與高脂、高鹽及辛辣食物，藉此協助孩子穩定情緒；此外，帶孩子進行戶外運動，有助於注意力集中，同時刺激腦內啡的分泌能夠幫助抒解壓力，但要避免於睡前兩小時進行太過劇烈的運動，睡前過於劇烈的運動反而容易造成孩子太亢奮、難以入睡。

5. 爸爸媽媽們協助創造孩子上學的期待感

孩子在開學後的前兩週，任何有關學校的大小事難免會顯得興趣缺缺、極度排斥，面對孩子的負面情緒，家長們需要適時鼓勵孩子表達內心的煩惱或困擾，嘗試與孩子多聊聊新學期的校園生活及同儕間的互動，讓孩子能多些期待感。例如：開

學後能學習更多有趣新知識、與好朋友見面、交到新朋友以及參與學校豐富的社團活動等話題，跟孩子預告學校作息的時間表，描述接下來上學後會發生的事情，於討論的語句中多增添趣味性，都能有效減緩孩子面對假期結束的壞心情。

6. 避免睡前過度使用 3C 產品，但不要立即全部禁止

電腦或手機，這類 3C 產品容易產生過度聲光刺激，視神經一直吸收藍光，可能導致入睡困難並影響孩子睡眠品質，家長們可以透過親子共讀來逐漸取代讓孩子滑手機、看電視及玩手機遊戲的時間，有的家長一到開學就將手機、3C 產品全部沒收，強迫孩子禁止娛樂，反而容易使得孩子暴怒、情緒起伏大，建議應採取漸進式限縮時間才是較爲理想的做法。

7. 假期中間安排事情讓孩子做，不要鬆散過整個長假

假期中間安排事情讓孩子做，例如：美勞勞作、插畫日記、種植小盆栽紀錄變化、安排運動計畫，放假之餘透過穿插這些每日小任務，而不是整天與電視、電腦爲伍，同時若進入假期尾聲就應該按照原先上學時的時間起床及上床睡覺囉！

32 孩子考試粗心、問題多，用什麼態度面對孩子的成績單？

每位孩子一生當中會經歷多場應試，常見導致孩子過度緊張的因素是每遇及考試來臨，全家人就進入高壓應戰狀態，以及拿成績單回家時爸爸媽媽們臉上的神情，喜怒哀樂盡寫於臉上，孩子多能輕易察覺。作爲家長我們要引領孩子面對到分數後的態度及如何從中調整學習步調與盲點，而非停留於未達標準的嚴厲苛責，接續列舉媽咪及爸爸們五項常見的疑惑並提供相對應的解決策略：

1. 不要常常拿孩子與他人做比較

常見 NG 應對方式，孩子回到家迫不及待跟家長們分享在學校考了 90 分，但部分家長們會出現的回應：「你們班上是不是很多人考 100，來給爸爸／媽媽看一下！」要學習摒棄過度比較，當孩子很高興的來與您分享時，給予適時的鼓勵與支持，更能讓孩子在學習中獲得成就感與能力感，認爲自己有能力學習新事物及應付挑戰。

2. 減輕孩子心中對分數的莫名恐懼

面對成績不盡理想時，父母親以及孩子其實都應該藉此機會共同闡述對於這樣成績的內心感受，例如：「媽媽知道你每天都有早起並且很認眞練習，我們一起找出這次考卷中不會的地方。」，不要去否定抑或是僅僅停留在下次再加油，向孩子表達我們共同來找尋補救的方式。

3. 題目明明都會，但孩子總是粗心大意

最好的方式莫過於和孩子一起檢討考卷，但需留意這並非要爸爸媽媽們破壞孩子的自信心，有時孩子粗心的主要原因是壓力緊張造成，例如有些家長們平時常催促孩子吃飯要快、寫作業要快、整理書包要快，也容易導致孩子沒有餘力去做一個仔細的檢查。

NG 說法：「怎麼連這種題目都會寫錯，這個我們不是評量卷有練習過了嗎？」；您可以改成這樣做，帶孩子塡寫錯誤與漏寫的題目並重新計分還給孩子，例如考卷是七十分，讓孩子自己再從頭到尾訂正一次，假若結束後是八十分，您就向孩子說：「來十分還給你，弟弟／妹妹你有沒有覺得很可惜呢？很

多其實你都會耶。」

4. 平日養成檢查作業的習慣，能有效免去考試時的粗心大意

平時可以多帶孩子一起保持檢查作業的習慣，不是僅停留在口頭詢問：「都寫完了嗎？」，換作您是孩子，知道早點完成作業就能夠玩手機或看電視了，您還會如實以對嗎？當孩子瞭解我們是用心且認眞面對他的學習情形及態度，對於孩子過於敷衍了事的態度亦能夠有所改善。

5. 學習的態度與習慣為日後基石，避免陷入分數盲點

假若家中孩子數學單科考了七十分，但該年級數學單科平均分數僅僅六十分而已，您仍然認爲孩子的學習程度有大幅度的落後嗎？其實您的孩子表現得相當不錯，我們應該客觀地審視孩子的學習狀況，而非一味地要求爲什麼沒有一百分或是九十分，協助孩子自我覺察而非過多直接指責抑或是情緒性的辱罵字眼。

孩子準備考試過程中有沒有用心，相信有花心思陪伴孩子身旁的家長們多能體察，不要落入只看結果卻不看過程的家長，有時孩子花同樣的時間準備，但是試卷難度明顯較難，卻仍舊以前一次的標準來做比較，著實有失客觀性。

33 孩子零用錢該怎麼給？教育孩子正確金錢觀

許多爸爸媽媽們常擔心孩子金錢觀念不佳、會亂花錢，所以無論是逢年過節、平時長輩所給的零用錢都會希望幫孩子全部存起來，但這樣眞的是最理想的方式嗎？零用錢其實是理財教育的基礎，教孩子掌握金錢的花用、投資及儲蓄一直是爸爸媽媽們希望從小就開始培養孩子的能力，但零用錢應該從孩子幾歲開始給？該透過撲滿抑或是幫助孩子開戶，才能讓孩子瞭解背後的價值進而做出做妥善管理，接續提供五項家長們常見的疑惑並提供五種解決策略：

1. 幾歲開始給孩子零用錢最適宜？

給予的年齡隨孩子生活所需及環境而異，並沒有說上小學就非給不可，若平時孩子的基本必需品，爸爸媽媽們已經全額負擔了，那我們額外給予的零用錢便能相對酌減。若擔心有突發狀況，家長們可設置緊急預備金，這類金額無須過於龐大，僅供孩子在緊急時候才使用，例如：臨時打電話聯繫、早餐來不及吃，肚子實在很餓可買點小東西吃。

2. 日常作息及做家事可用零用錢做為誘因嗎？

準時起床、有做家事、不吵鬧就給適宜嗎？將零用錢和幫忙做家事綁在一起給是不太恰當之作法，由於孩子屬於家裏的一份子，做家事的核心方針是培養孩子的責任感，養成對物品和居住環境能主動去維護，家裡每一位成員都應該要分攤家事。

3. 避免將零用錢做為成績達標或滿分的獎勵

當孩子們把成績跟零用錢綁在一起，學習動機便容易較顯低落，常見孩子達到某個分數以後，就不會再多投注心力做積極學習，失去爲自己或興趣學習的觀念，久而久之容易讓孩子把重心放在關注成績結果，而非努力的過程，尤其有時成績涵蓋了孩子努力程度及部分運氣因素，當孩子努力後沒獲得相對應成果或獎勵，很容易便被衍生情緒給壓垮。

4. 跟孩子討論如何花費及儲蓄零用錢，才算是完整的理財教育

相信絕大多數的家長們並不希望當孩子想要任何東西時，第一個浮上腦海的想法是「反正我就開口向父母要就好了，只要一直拜託、一直盧他們，他們就都會買給我」，協助孩子建立對金錢的定義及價值觀、區辨想要與需要的差異界線，會建議家長們在給孩子零用錢的同時，應該提醒孩子自己至少存一部份起來，幫助孩子理解這是爲了之後自己想要的東西而存錢，其有助於孩子養成儲蓄的習慣，讓孩子學會自行訂定目標，才能爲日後理財能力奠定良好的基礎。

5. 孩子有想買的東西，如何支配金錢做運用？

孩子有想要買的東西時正是讓孩子學習衡量慾望與如何支配金錢運用的大好時機，開始讓孩子思考現有的這筆錢要如何花用，例如：我這禮拜要出去玩想買很多有趣的紀念品，所以是否要多留一些，到時候才足夠花用，還是要花在我現在看上的玩具，但下週出去玩時就得少買一兩項了，有時家長們亦可

協助孩子稍做衡量，但並不是指要讓爸爸媽媽們過分干涉，常常看到有時逛玩具店或百貨公司時，明明孩子帶上要支出的是自己的零用錢，但家長卻在一旁說這個很浪費、這個玩不久、這個你之前有一個類似的，不要再買了。各位親愛的家長們，零用錢可以是一項很好的教育工具，但前提是過程中能讓孩子自主去留意收入和支出，自己又該如何隨之進行調整。

34 書籍挑選大有學問，良好閱讀習慣如何養成？

孩子總是很討厭看書不外乎三個原因：

一、閱讀時間選的不恰當，例如：剛剛才寫完作業而已卻又要孩子坐下來閱讀。

二、家長選的書讓孩子提不起興致或超出現階段孩子能理解的範疇。

三、親子共讀時，閱讀的聲音以及語調讓人精神渙散、昏昏欲睡。

但閱讀對孩子們的好處不勝枚舉，涵蓋有助於建立日後良好的讀書習慣、語言能力、寫作技巧、社交能力以及穩定情緒並從閱讀中建立跨領域知識等等面向，閱讀更是對未來孩子進入學校的課業學習上有相當大的助益。

我們總期望孩子很有興趣且能夠積極學習，但家中寶貝們總是看到書本就抗拒、感到枯燥乏味想睡嗎？孩子是否只想玩聲光及音效豐富的手機遊戲呢？接續列舉六項家長們常見問題：

1. 培養孩子閱讀專注力及興趣，時間規劃與分段技巧一定要知道

找出孩子排斥閱讀的背後原因是否是因為沒興趣、沒動機，抑或是對孩子而言過於困難，有時候爸爸媽媽們不妨引導孩子來分配時間，把閱讀分割成小部份或小段落，例如：孩子能夠專心在閱讀上的時間是 15 分鐘，那麼要孩子連續閱讀 30 分鐘對其來說簡直就像一場夢魘，不妨先從孩子可接受的 15 分鐘啓始，時間到後可穿插其他小遊戲，試著先延長孩子的專注時間。此外，亦可先讓孩子選擇自己較有興趣的書籍來做為開端。

2. 爸爸媽媽們盡可能協助孩子移除視覺與聽覺上的干擾

桌面上及眼前有太多玩具或非相關事物，孩子的專注力自然而然便容易被吸引走，這個想玩、那個也想要玩。這時媽咪及爸爸們請幫忙孩子把不相關的事物移除，讓桌面與閱讀的空間能夠保持簡單及明亮，且僅需要放置書籍及相關會用到的文具及可；另外，孩子們其實相當容易受不相干的聲音干擾（電視聲、音樂聲），當然於如此嘈雜的環境下，閱讀成效自然就會大打折扣，環境準備好了才能充分協助孩子建立閱讀的好習慣。

3. 讓孩子學習自己訂定目標、閱讀計畫

讓孩子學習自訂閱讀計畫是相當重要的一環，例如：帶著孩子一起製作閱讀的時間表和計畫表，讓孩子能夠每日或每週進行自我檢核，搭配貼紙或小插圖來檢核是否達成自己的預定進度。此外，幫孩子挑選他們可能會有興趣的書籍作爲選項也很重要，觀察孩子的個性、特質及興趣再做進一步的推想，有時孩子選書僅單憑封面外觀就決定了，但當您的孩子在閱讀簡單的故事時就顯得很吃力了，卻挑了一本大長篇且多支線的冒險故事，當難以理解、前後無法連貫起來時，孩子自然而然就興趣缺缺了。

4. 故事書不是教科書，有時並不需要照本宣科，沒有標準答案，其中的脈絡可多添變化

讓孩子們主動或透過爸爸媽媽們協助來把故事引導至迥然不同的走向，甚至當一頁唸完先別急著翻到下一頁，讓孩子先預測接下來會發生什麼事情？讓孩子能夠愛上閱讀就從這些小處著手，同時也能夠讓家中寶貝們充分發揮其想像力。

5. 讓親子共同閱讀變成一種生活中的樂趣

不一定非要孩子朗誦課文或爲了寫心得作業而念書才能算是閱讀，每天安排一段時間全家人共同閱讀，哪怕僅僅只有半小時的時間，到活動尾端時，爸爸媽媽們能和孩子討論剛剛書中出現的人物或故事走向、大家有什麼樣的心得及看法，都能讓孩子逐漸地習慣並更加專注於其中，而且媽咪及爸爸們也應該把親子共讀當成彼此培養感情的機會，而非只是學習或作爲消遣。

6. 書籍挑選大有學問

起初所選擇的書籍建議挑選可動手玩或聲音豐富的有聲書更能攫取孩子的興致與目光，例如：透過按壓會發出聲音、當中有小物件可反覆做黏貼，同時偶爾讓孩子選擇您們要一起共讀的書籍，透過這一舉動能讓孩子感受爸爸媽媽們是很看重你的想法且尊重孩子選擇的。

35 四項重點教孩子該如何面對霸凌

校園霸凌、同儕霸凌的新聞事件屢見不鮮，相信對許多家長們而言並不陌生，但爸爸媽媽們眞的知道當您的孩子遇到霸凌事件，無論是言語霸凌、反擊霸凌、關係霸凌、肢體霸凌、性霸凌及網路霸凌等等，當下又該如何去察覺或做處置呢？

讓孩子能於校園中安心就學、自由快樂的成長一直是我們做父母最大的願望，原先開朗活潑的孩子卻突然變了一個人似的，變得悶悶不樂、常常一個人沉默不語，甚至是容易哭泣、易怒，一到要上學的時刻就非常排斥、常嚷著要請假，孩子可能在學校裡正遭受霸凌，需要爸爸媽媽們的協助了，孩子可能並沒告訴您而選擇隱忍，這是因爲當下的恐懼與壓力會影響孩子的判斷能力，被欺負不知道該找誰、找了有用嗎？他們當下所想的就是我如何逃離眼前這個麻煩，妥協是很常見的選項。

當遇到這類問題，家長不要表現的比孩子更緊張，孩子在此時正需要我們的陪伴及傾聽，不僅僅是協助處理孩子問題，更要確保自身情緒冷靜，盡可能讓孩子還原整件事件的始末，家長不可能時時刻刻伴於孩子身旁，所以若連只有爸爸媽媽們在的情境下都不敢開口說，抑或是不願意說，那就更遑論在學校當下遇到霸凌事件或同儕相處摩擦時該如何做出正確反應了。家長常會問到那爸爸媽媽們是否可以幫孩子出頭或幫他向老師說就好？其實我會建議兩歲半以上的孩子，當孩子語言發展愈來愈成熟，您應該讓孩子自己說，而不是幫他說，引導孩子自己說出發生什麼事情？被誰欺負了等等。

1. 明確大聲說出來，語調及眼神要堅定

教導孩子把自己感受到的不舒服大聲說出來、冷靜以對，不要隨霸凌者起舞，霸凌者有時正是想看孩子驚慌失措以及出糗的樣子，面對惡意的欺負，愈哭愈容易招致這類情形發生，您可以這樣教孩子這樣說：「我討厭你這樣打我、罵我，我絕對會告訴老師」、「你爲什麼隨便動手打人」，而不是頭低低地說不要這樣子，勇敢表達才能有嚇阻對方之效果。提醒爸爸媽媽們以牙還牙，以眼還眼，馬上要孩子打回去並不是最理想

的方式，試想當遇及同儕互動上的小摩擦或手足上小爭執就動手，這無助於建立孩子正確的價值觀。

2. 學會衡量眼前態勢，有時跑為上策

當遇及眼下無法獨自處理，例如：對方人數明顯多出非常多，或是當孩子已經向霸凌者喝斥後，對方依然無動於衷，甚至是窮追猛打，則得避免當下與霸凌者硬碰硬，請孩子趕快跑開並盡快尋求大人與老師的幫助。有些家長察覺自己的孩子就是太過於怯懦，被欺負都無關緊要，面對這類型的孩子家長至少要教孩子學會的是「自我保護」與「底線」在何處，家長應該帶著孩子理解哪些行爲是在玩、哪些行爲是欺負，例如：被同學踢或打頭怎麼可以不說出來呢？常見的

家長們要多加向孩子示範該如何說，而不是一味地說要勇敢、要堅強，透過實際的角色扮演與情境模擬演練，孩子才會更有自信，千萬不要覺得在家中這樣排練氣氛好尷尬、很奇怪，當您與孩子在家中均不願意練習，當不幸遇上霸凌事件，孩子在當下便更容易手足無措。此外，多參加各式不同活動與才藝、團體課程均有助於增加孩子的社交經驗，若是當面對孤立式的霸凌，提醒孩子不要一直執著於那些不想跟你交朋友的人，還有好多同學可以去交往，可多找尋比較聊得來的朋友。

NG 教法：「不要跟他玩就好、離他遠一點就好」，這些都是錯誤方式，尤其是常見的「没關係，他可能不是故意的」，逃避並不能解決問題，甚至會造成孩子被鎖定與助長霸凌者的氣焰。

3. 家長們養成每天都和孩子談天的習慣很重要

知道現在的爸爸媽媽們每天生活緊湊且忙碌，要跟孩子有長時間及好品質的談話機會愈來愈少，所以更要請您把握接送時間、放學時間去多了解孩子在學校學習及與同儕相處的情形，您可以使用這句話起頭：「**弟弟／妹妹你可以跟我分享一件今天在學校開心的事和難過／生氣的事嗎？**」，孩子出現躊躇時便該換成家長們主動出擊，爸爸媽媽們可以先主動說說自己今天上班或路上發現什麼新奇的事情，當孩子絕口不提學校的事情時或顧左右而言他，硬是把話題帶到別的事情上，家長們就應該多做留心，另外有些爸爸媽媽們常常一聽到孩子說出負面的想法或表現出低落情緒時，就急著打斷講大道理或急於當啦啦隊，我們要讓孩子知道您是最佳的聆聽者，無論是開心的事或難過的事，拿出來討論爸爸媽媽們會跟他一起找解決的方法，整件事情就會慢慢好轉了，積極處理、不要隱忍，傳達給孩子理解我們不去滋生事端，但當別人對你做不對、侵犯的事情時，一定要向家長及老師們述說，並且讓孩子瞭解到您會嚴肅以對。

4. 為什麼孩子成為霸凌者？與這三項因素有強烈關係

- **家中缺乏關懷與溫暖**，回頭檢視父母的管教方式與平時互動模式是否就已看出端睨，例如：父母親在家中就時常惡言相向、小孩不聽話就換來一陣毒打、親子雙方疏於溝通。

- **霸凌者在學校中缺乏表現的空間與機會**，利用霸凌的過程來滿足與肯定自己，所以家長與老師們都應扮演找出孩子優點的角色，試著發掘孩子喜歡的事情，例如：運動、繪畫特長等等，往有興趣的方向發展並多加給鼓勵和肯定。

- **缺乏同理心**，那該如何培養孩子的同理心呢？帶孩子瞭解當你做這件事情時別人會有怎麼樣的感受，當發生在你自己身上時會覺得如何，從中引導孩子體察帶給他人的痛苦，明確傳達「爸爸媽媽覺得你這樣做，他一定很難過且害怕」，接著帶孩子去想應該怎麼去道歉與補救，並化爲實際行動，而非僅僅知道錯在哪裡而已，這樣才能算上一個完整的一課。

36 放寬心讓孩子學獨立有七大重點

孩子成長階段中會面臨到的問題並非如考卷上的選擇題那樣單純，讓孩子獨立並從挫折中逐次進步、學習成長，凡事讓孩子先自行動動手與動動腦，當遇到危險或困難才稍微給予方向提示，「我們不需要當一位任何大小瑣事均幫孩子處理好好且滿分的母親及父親，我們需要的是讓孩子感受到我們的愛、孩子內心有安全感以及敢於放手嘗試！」，許多孩子們於年紀尚幼，就已經養成不想自己多動動頭腦、不願意自己先行嘗試一下，就直接說我不會的習慣。

這是因為在日常生活中經歷過多次的情境，媽咪及爸爸們訂定過多的計畫、擔心讓孩子們獨自面對這些挑戰過早，孩子們也逐漸發覺在遇到問題僅僅需要一句：「我不知道、我不會或請幫忙！」就能解決任何面臨的疑難雜症，而此時爸爸媽媽們的全盤接手，急著想先幫孩子做些什麼，可能已經於不知不覺中逐漸養成家中孩子們等待他人來幫忙的習慣囉！

其實讓孩子藉由生活的體驗，碰到挫折後而去學習解決問題，解決問題的能力才是日後孩子帶得走的能力，接續透過七個要點來告訴爸爸媽媽們，究竟該如何養成孩子獨立自主並學會爲自己負責的心態：

1. 機會教育很重要，
我們應該摒棄對孩子處理能力的過度不信任

「弟弟／妹妹，你覺得還有什麼辦法嗎？」，憑藉每個機會來引導孩子，先不論其會不會，培養孩子願意先自己動動手腳以及動動腦的好習慣，這是相當重要的歷程，當孩子們回答出他的想法或解決方式出來時，這時希望爸爸媽媽們能夠「具體說明孩子哪個作法及想法的確很棒」，這能促使孩子理解爲何他要花費大把心思去努力，這亦能增進孩子的自信心，同時也要讓孩子知道他自己的哪個地方或許還有更好的技巧能夠繼續努力學習。

2. 不要怕孩子犯錯，家長本身更不要怕麻煩

相信媽咪及爸爸們經過忙碌的一天感到筋疲力盡，實在沒有多餘心力再慢慢引導了，這時要請您再堅持一下，舉個許多

家長們時常向我反應到的情境，提供予爸爸媽媽們做參酌：

當孩子初練習拿湯匙或筷子吃飯時，桌面簡直像戰場般慘不忍睹，正因爲如此，許多家長爲了避免孩子將食物潑灑得倒處皆是，寧願自己餵孩子，無形中間接剝奪了讓孩子自己嘗試的契機，其實這狀況很好解決的，我會建議爸媽用一些簡單的事前防範措施即可，例如：舖上已經看完的廣告紙或報紙，即使孩子弄得又髒又亂，事後處理也不致於太過煩心與費力，用餐結束後亦能讓孩子們協助簡單丟垃圾等等。

3. 送給等不及的爸爸媽媽們一句話：「現在讓孩子自己來，爸媽日後才輕鬆，千萬別選擇了眼下輕鬆。」

媽咪及爸爸們千萬別輕忽了，很容易在腦海中浮現以下的想法，反正這些生活自理能力都很簡單，我現在幫孩子們做也沒什麼，時間已經很趕了，反正長大了孩子也一定會。這其實是相當錯誤的認知，這些基本的瑣事也好，抑或是作業也罷，不僅僅攸關日後的生活能力，其更是孩子們責任感的養成良方，為了建立孩子的獨立性與責任感，就從簡單生活中的「讓他自己來」的自理能力開始著手及溝通吧！

4. 先給孩子嘗試的機會與時間，大人再給協助

給孩子機會與時間練習，讓他慢慢熟悉操作方式或活動模式，即使孩子做得一團凌亂或手忙腳亂，只要確認這件事是在孩子能力所企及的範圍內，媽咪及爸爸們扮演一位觀察者即可，超出的範圍再帶著孩子一起整理及善後。例如：每日買早餐的情境，從點餐、取餐到付錢結帳與確認找零，您讓孩子參與了哪些部份呢？孩子自己去做、自行練習一定會耗費較多的時間，但這不也是學習的必經過程嗎？

5. 失敗為成功之母，但是孩子們真的需要失敗的機會嗎？

爸爸媽媽們能多給家中的孩子們自主進行多一些的活動、探索空間以及失敗的機會，沒有錯媽咪及爸爸們並沒看錯，若太少讓孩子們自己進行嘗試，間接造成生活中的刺激過少、經驗值亦過少，如何能期待孩子們在日後遇到新事物、新環境能夠輕而易舉地舉一反三呢？這類環境刺激及相關經驗過少，亦

是造成孩子適應環境的速度大幅下降的元兇之一。

6. 幫孩子完成太多的事，結果如何呢？是否總會捨不得放手

常常見到小朋友的一個動作或大叫，爸爸媽媽們就習慣自動且快速地完成小朋友心中所願，抑或是孩子只要尖叫或哭一下，媽咪及爸爸們就雙手投降，什麼都遷就了，這邊要提醒媽爸爸媽媽們其實於安全情境及前提之下，應該讓孩子做他任何想要的事情，但事後要讓孩子瞭解「負責」以及「承擔後果」，自己因爲生氣丟壞了玩具爸爸不會買新的、水壺打翻了要自己拿抹布去擦乾。

7. 給孩子多些讚賞及愛的鼓勵

孩子們是需要練習的，當孩子做錯了，一再嚴厲的指責不是，容易讓孩子因而退縮，多抱持鼓勵的語氣及態度來引導，不僅僅可提升孩子的學習動機，他也會更樂意嘗試新挑戰及任務。家長們應該給予孩子一個可探索的範圍而非總劃定一個個的限制，那個不行、這個也不行，因爲有時讓孩子太習慣於此，孩子就容易失去自己的探索想法與欲望也逐漸不敢獨自處理問題，別讓過多的擔憂及保護成爲孩子成長的阻礙，下次不妨給孩子多些機會面對挑戰吧！

破除家長常有迷思，爸媽請放心

37 左撇子到底改不改？左撇子、右撇子都好

您家中的孩子是不是左撇子呢？而家長們又是否要求孩子無論是寫字、吃飯、用湯匙或用筷子都非得改至用右手不可呢？遇過許多孩子被家中長輩糾正、指責，認爲孩子使用左手不好，像是吃飯手臂容易拐到、很多工具的設計均是從右撇子的使用視角來做出發，因而半脅迫孩子非得改慣用手不可，但改了慣用手對孩子眞的會比較好嗎？難道左撇子的孩子們眞的會比較差嗎？首先先帶著家長們來看看孩子是如何隨著年齡發展出慣用手的吧！

- **3到5個月**：此時孩子時能夠把雙手擺在身體的中線，互相擺弄玩手或是抓取奶嘴，開始雙側的互動，隨著年齡的增長，孩子能夠跨過身體中線拿取放在對側的物品。
- **1歲**：此時的大腦開始側化，又可稱之爲大腦的分化，大腦開始左右分工，掌控不同的訊息處理，正如同我們常說的左腦會

左撇子、右撇子的孩子在教筆順時會建議仍然都應相同，寫字與閱讀其實都應該是學習一樣的方向，從上到下，由左至右，較有利於孩子日後的閱讀與學習。

進行較屬於邏輯、知識、理解、思考、語言等面向，而右腦則負責想像力、創造力、美感等面向，但是否左撇子的孩子就更富有藝術天分，而邏輯推理較差呢？截至今日仍沒有任何研究可以明確證明，所以別看到左撇子的孩子們就認爲孩子的數學不好，抑或是以後就是當畫家囉！

- **2 歲**：2 歲之前的孩子普遍都處於探索的階段，所以常會觀察到 2 歲以前的孩子左右開弓，2 歲後大多數的孩子便會發現其有較偏好的一側，當進行到需要用雙手的活動時便可以發現到雖然是雙手同時操作，但開始會以一隻手做爲主要的操作，而另一手則做爲輔助。
- **3、4 歲後**：孩子慣用手的發展便會愈發明確，孩子開始要準備精進那一隻慣用手了，大都於直至 6 歲後定型。

其實這些說法都是以訛傳訛的迷思，但當學校老師在教導孩子寫中文字時多都是以右撇子的方式在教導筆順，因此對於左撇子孩子而言這顯然會較爲吃力，但不要用逼迫的方式來糾正孩子，自然而然就能讓孩子在學習上有良好的熟練度，過度的批評反而會讓孩子失去自信心，進而影響學習態度，產生負面的效果。而在變更孩子慣用手的過程中孩子往往容易出現焦慮與挫折感，甚至是親子衝突、情緒控制變差，所以爸爸媽媽們應妥善衡量強迫改變孩子的慣用手是否眞的有其必要性。

如果一察覺到孩子是左撇子可以立即糾正他嗎？

建議家長讓孩子自由適性的使用他的雙手，根據孩子的優勢使其順其自然的發展，若家長們眞堅持必須更改慣用手則傾向建議在孩子尚未明顯發展出優勢手前，利用提醒或是建議的方式讓孩子做更改，但至於進入學齡的孩子則建議家長不要去做更動，因爲這容易致使孩子混淆，不僅僅容易造成雙側協調不佳，亦會使孩子對於空間概念造成混淆，同時在書寫或課業上也會容易造成負面影響。

38 孩子口齒不清、發音不標準該如何是好？

首先帶著爸爸媽媽一起來對孩子語言發展的進度有個初步概念：

- **1～2 歲**：孩子能聽懂簡單的句子和指令，例如：不可以。能模仿聲音及說一個以上單詞，2 歲能說出約 50 個左右的單詞，聽懂約 200 個詞彙。
- **2～3 歲**：能說出和理解詞組，例如：爸爸抱抱，可用四個字以上的句子做表達，但流暢度與細節上尚不完整，可執行兩個步驟的簡單指令，以及會問簡單問題。
- **3～4 歲**：能聽懂簡單故事情節及說出符合文法的句子（有連接詞），會說自己的名字、可執行三個步驟的指令。

1. 何時是介入處理的適宜年齡，幾歲孩子又該會發什麼音？

一般而言會建議家長，孩子構音異常至四歲還沒有明顯改善，建議掛復健科或耳鼻喉科做評估及討論。三歲正確說出：ㄅㄇㄉㄊㄋㄌㄍㄎㄏㄣㄥㄐ；四歲正確說出：ㄆㄈㄑㄗㄘ；五歲正確說出：ㄒㄙ；六歲正確說出：ㄓㄔㄕㄖ。

2. 舌繫帶非剪不可？一大迷思

其中的發音問題是媽咪及爸爸們最熟悉且關心的，舌繫帶太緊所影響的主要是需要捲舌發音，並不會影響其他發音，家長們可觀察孩童到 5 歲左右，若發音著實因其受到影響，再與醫師討論是否接受手術治療猶未晚也。當孩童出現語言障礙或發音不標準時，除了檢查舌繫帶以外，尚應該檢查聽力是否出問題，因爲輕度的聽力障礙，亦可能導致構音異常。

3. 舌繫帶是否正常之觀察要領

大原則我們觀察孩子的舌頭是否可以舉起來碰到上顎、舔到下嘴唇，舌頭没有呈現 W 型，就表示舌繫帶夠長了，但臨床上眞正因爲舌繫帶問題造成語音異常比例並不高，因此不需要一發覺孩子有發音問題就立即剪舌繫帶，免於孩子白挨一刀。

4. 家長搭配示範效果佳，不要讓孩子單方面一直重複說

訓練是循序漸進的，將正確音運用從單音、語詞、短句、文章到最後日常生活中靈活使用，把音發對是最初步驟，但千萬不要強迫孩子重複述說，孩子有時不會發那個音，請其單方面重複說上3000遍，效果亦不彰。可以引導孩子先說一句話，若不標準，我們請孩子用其他字詞表示其想表達的意思，同時搭配家長們的示範讓孩子可以聽到正確的音。

5. 孩子於家中可做哪些訓練呢？

舌頭部分，我們可以請孩子舌頭上下左右前後的移動和轉動（舌頭在口內左右移動，推動臉頰）、將果醬塗在孩子嘴唇的上下方或是塗抹在一個盤子上，讓孩子用舌頭舔掉；嘴唇做開合、閉合之動作以及上下顎之開合動作訓練。此外，透過噘口吹氣、把舌頭放於上下齒之間，慢慢吹氣、開口哈氣、吹泡泡及玩具喇叭、鼓起臉頰做漱口的樣子亦是相當不錯的訓練方式，家長們能透過孩子練習時於一旁觀察孩子的正確性與流暢度。

平時家長們自身和孩子說話時，可以留意講話速度放慢、咬字要清楚，家長可以直接示範正確的語音讓孩子做聽辨，而非一再地重複孩童錯誤的語音去說這是不對的。

39 雙胞胎教養要點，如何讓兩個孩子都能夠適性發展

當旁人總想著一次若能生一對雙胞胎到底有多幸福、孩子穿一樣的衣服一定很可愛時，相信對於家中有雙胞胎的爸爸媽媽們背後辛苦及睡眠不足、自己的時間與空間一直被壓縮的感覺，相較於帶養一般有年齡上差異的手足的父母而言又會有更深一層的體悟，身旁所遇到的雙胞胎爸媽一整天下來幾乎可以說是在忙亂中渡過，優雅爸媽這件事似乎總是維持不了多久，尤其是當雙寶的生活作息趨近於一致，當一個忙完後就得開始著手準備處理另一個，無論是餵奶、換尿布到洗澡等等，所以會建議雙胞胎爸爸媽媽們的支持系統與後援一定要足夠，可能是爺爺奶奶、外公外婆或保母，能協助主要照顧者的幫手一定要夠多，尤其當面臨前段孩子日夜顛倒的作息，每天晚上需反覆起床處理應付各式的狀況將會是一段嚴峻的身心挑戰，接續提出家長們常見的六大疑惑，逐一來討論解決：

1. 孩子日後得面臨的比較，與未來共同學習上的彼此相互影響不容輕忽

雙胞胎既是競爭又是合作的關係，到了年紀大一點便很容易有爭寵問題，爸爸或媽媽應該陪我多一點，當其中一位犯錯，另外一位甚至可能很快就跑過來說，爸爸／媽媽你看我都沒有讓你生氣，都有乖乖的。培養雙胞胎彼此合作的關係也是一門學問，有時常見孩子不論是吃飯、洗澡及寫作業速度也都在比較輸贏，所以會建議爸爸媽媽們應明確傳達給孩子知道，這些事情上並無輸贏之分，確實都有完成才重要，爸爸或媽媽也不會因爲誰寫作業比較快而比較愛誰。

2. 如何才能讓同齡的孩子適性發展也是一大挑戰

大原則會建議家長們讓孩子盡可能地同校不同班，因為雙胞胎的孩子若同校且同班常會面臨到以下兩個狀況：

- 當兩個時時刻刻都湊在一起時，就比較少機會主動去認識新的朋友，也容易有過度依賴對方的問題。
- 當一個孩子較為活潑外向而另一個孩子較木訥內向，那一個害羞內向孩子可能就容易覺得倍感孤單，加上長期被大人、老師及同儕無意間過度比較，日積月累之下，原先較為木訥內向的孩子容易變得愈趨於退縮，為什麼以前大小事情都和對方在一起，現在總感覺被晾在一旁，一強勢一弱勢的情形就會愈加明顯。

3. 有些爸爸媽媽們會面臨幼稚園或國小，實在沒有太多其他選擇，只能同班怎麼辦？

當面臨離家近的學校選項實在不多時，那會建議爸爸媽媽們不妨就接受它吧，不然硬是分兩處就學，當距離一遠只會徒增上班族家長們的辛勞，此外接送孩子問題的各式爭吵也會應運而生，例如：「為什麼是先去載哥哥或姐姐而不是先來載我、為什麼都是要我留在學校裡面多等。」

但面臨此情況難道沒有什麼折衷方式嗎？其實是有的，會建議家長們在學校上課過程中、遊戲過程中需要分組時，請先行與學校老師溝通討論，請老師能盡可能協助將孩子分開，讓孩子也能從學校與同儕互動中理解到雖然是雙胞胎，但彼此仍然屬於獨立個體。此外，既然於就學時已經同校又同班，家長們請在選擇課後才藝、補習班、運動團體時盡可能要有所區隔，而當面臨孩子可能都很喜歡運動或是演奏樂器該怎麼辦呢？其實不論是運動也好，樂器也罷，這兩項興趣當中都有很多不同種類，例如：運動方面有棒球、足球、籃球、直排輪及田徑等等；樂器方面有陶笛、鋼琴、吉他、長笛、爵士鼓等等，從中帶著孩子發掘興趣，也能免於孩子一直暴露在互相比較的惡性迴圈當中。

4. 給予孩子鼓勵讚賞記得要單一且逐一

這點許多爸爸媽媽們很容易忽略，家長們可能常常會說：「媽媽很愛你們、爸爸覺得你們好棒」，其實這種方式不盡理想，每個孩子都需要單獨與爸爸或媽媽們的相處時光，同時在稱讚孩子時應該要針對表現與事件本身，這樣較容易客觀陳述而非淪於空泛，例如您可以這樣說：「**哥哥你很棒，有準時把**

明天上學要帶的東西都收拾好、弟弟今天作業寫的好工整都沒有漏抄，好厲害！」透過這樣的方式，另一位孩子才不至於覺得爸爸媽媽們都好偏心每次都說弟弟或哥哥好聰明，是不是比較愛他？手足也更能夠去了解自己應該努力的面向在哪裡。

5. 每個孩子都是獨一無二的，切記不要隨意亂用「比較性用詞」做區分

這對許多爸爸媽媽們而言是相當感到苦惱的，尤其在面對親戚或旁人時，常會有下列這些 NG 的說法與對話出現：「比較胖或比較高的這一位是弟弟」、「姊姊明明就是這樣子，妹妹怎麼會差這麼多」、「哥哥都會了，弟弟怎麼都還不會」，這些話孩子其實都聽進去了，爸爸媽媽們也更應該多花些心思去體察孩子的優勢與優點分別為何，當遇到長輩或親戚過度比較兩個孩子時的僵局產生，應該適時讓孩子們能夠受到不同特點的鼓勵與讚賞，才不會加深孩子認為大人都偏向某一邊的誤解。例如您可以這樣回應其他長輩：「**姊姊外向活潑，遇到人都會很熱情主動打招呼，妹妹雖然較少說話，不過觀察非常仔細且貼心，都知道別人需要什麼。**」

6. 雙胞胎的溝通與分享時間要獨立，不要同時間一起間講

周邊人的話語影響力其實非常大，尤其當其中一位是較爲活潑外向，另外一位較爲木訥內向時更應該多做留心，其中一位孩子在學校裡可能已經經歷了同儕與老師的一番比較了，但是兩人心中其實都有各自想說的話與一整天下來想要跟爸爸媽媽們分享的遭遇。

常見在日常生活中，較爲外顯的孩子會被旁人視爲兩人的傳聲筒，或是意見的代表者，那實在是非常可惜，因爲久而久之另外一位孩子就變得愈來愈不願意表現自己內心的想法，所以請爸爸媽媽這樣跟孩子說：「**哥哥你的事情自己跟媽媽說，而弟弟今天發生的事也請讓他自己講好嗎？**」，透過單獨談話也是讓孩子能明確感受到此時此刻爸爸或媽媽就是專注在你一個人身上，我很在意且重視與你現在和我的對談。

40 手足吵架，別陷入大讓小的迷思

「我討厭當哥哥！」、「我不要當姐姐了！」，這是許多老大們的心聲，家中有一個孩子以上的爸爸媽媽們，幾乎都會面臨到手足爭吵的惱人問題，而許多的媽咪及爸爸們都會向年長手足道：「讓弟弟／妹妹一下，你是哥哥／姐姐好嗎？」、「哥哥把玩具讓給弟弟玩一下，不然就通通收起來都不要玩了」、「你還有那些玩具，這個借弟弟玩又沒關係。」但此時是否常發覺老大仍聽不進去，取而代之可能對弟妹們更兇，甚至私刑伺候，因爲對年長孩子而言自己玩的好好的卻又被弟妹破壞、不讓出玩具就會被沒收，造成孩子更容易將情緒宣洩至對方身上，他的解讀就是因爲弟妹們害我沒得玩，這類每天的無限迴圈也讓您大傷腦筋嗎？接續列舉爸爸媽媽們常見的六項疑惑，帶您一起來探究面對這些手足衝突問題該如何處理：

1. 先行設立彼此的遊戲規則與玩耍共識

例如：誰先拿到可以玩多久、想玩警察抓小偷及超人遊戲等肢體接觸較多的動作遊戲必須先行約定不可以玩到最後打人，當然許多孩子每當玩到瘋時，早就把規則與約定都拋諸九霄雲外，所以此時家長們後續處理的態度便很重要，讓孩子先行思考剛剛為什麼會發生衝突、要怎麼改善（例如：想要一起玩的話，接下來要怎麼去分配玩具及空間），同時不只講對方哪裡不好，也講講自己剛剛哪裡沒做好，最後詢問看看孩子如果讓你們一起玩等一下又吵架要怎麼處罰，讓孩子共同訂定處罰內容，自己多了一層思考也才不會輕易再犯。

2. 孩子心中的不平衡，有苦難言

不平衡往往從家中有新成員誕生時那一刻就開始了。家中的老大在弟弟妹妹出生後，因為父母投注較多時間照顧剛出生的弟妹以及原先獨享的玩具現在必須得學會分享了，老大心理便容易開始吃醋，即使到了年紀稍長還是會相互比較爭吵，因為對此時的年長手足而言會產生「為什麼我要跟他們分享？是不是爸爸媽媽們對弟妹比較好」等疑問。再加上媽咪及爸爸們經常對孩子說：「你是哥哥／姐姐，要學會照顧弟弟妹妹」，更容易導致孩子嫉妒心悄悄萌生。

在新生兒出生前我會建議爸爸媽媽們給家中的老大一些引導，告訴他將成爲了哥哥或姐姐，未來這弟弟／妹妹會需要你一起照顧，你是很重要的小幫手，先行傳達這類正向訊息。

3. 孩子立意良善，但互動方式不得要領

許多爸爸媽媽們時常會向我說道，弟弟妹妹總會把哥哥組裝好的積木、小房子、火車等等玩具大肆破壞，最後總會導致此起彼落的哭鬧聲及大打出手的局面，其實這情形有時是弟弟妹妹們想跟哥哥姐姐玩，但不得其門而入，再加上使用方法不對。

我會建議爸爸媽媽們協助引導孩子說出想法及原因，您可以這樣說：「**弟弟你想要跟哥哥一起玩嗎？你想要跟姐姐借這個玩具嗎？媽媽教你該怎麼跟姐姐說**」，同時爸爸媽媽也能傳達給哥哥姐姐說再玩多久可以借給弟弟妹妹與輪流概念（交換著玩），

家長們要注意到此時我們不是要求哥哥姐姐「馬上借出」，必須讓孩子瞭解到如何解決眼前問題，而不是當自己想要玩時別人就得借給你，那是否孩子在學校也可以這樣強迫其他孩子分享呢？輪流及等待觀念也就是從這些地方開始訓練起，否則一直沒有讓孩子說明各自想法及釐清原因，便直接開始處罰破壞玩具的人或是動手的孩子，甚至是用連坐罰方式尤其不建議，最終會導致孩子雙方皆不認錯且缺乏溝通的機會。

4. 避免凡事皆要年長的孩子妥協來處理大小紛爭

常見 NG 說法：「你是姐姐／哥哥，爲什麼不能讓弟弟／妹妹呢？」這種話聽在老大的耳裡，眞的是滿腹無奈，因爲這對一個孩子而言聽起來無任何的益處，反而容易產生相對剝奪感，會建議不要時常用哥哥、姊姊的字眼來要求他們單方面禮讓、懂事，因爲孩子無從選擇排行，這容易加深他們對這稱呼的排斥，家長需要留意到無論是哥哥姐姐或是弟弟妹妹他們都還只是孩子。

5. 別落入了眼淚及情緒的泥淖

爸爸媽媽們還是要審慎去釐清孩子間的紛爭，不是先哭鬧或先告狀的人一定就是受害者，父母首先應該扮演的角色是幫助手足間對話，而非急著裁定誰對誰錯，一起幫助孩子找出解決紛爭的方法。我們等孩子情緒比較冷靜後再來溝通，不要想立即讓孩子認錯或找出罪魁禍首，由於爭吵當下場面往往紊亂，安撫雙方或拉開打鬥都來不及了，更遑論找原因或講大道理。

6. 不要讓道歉只停留在口頭上「對不起」三個字

事件釐清後，錯誤的一方不是僅僅說對不起即可，這容易造成孩子感覺苗頭不對就先說聲對不起來避免後續的麻煩纏身，孩子更重要是要知道爲何說對不起以及後續該如何彌補，例如：我可以做什麼不讓對方生氣，以及表達歉意，孩子做到時千萬別吝惜給予鼓勵。

41 與男孩溝通不得要領？五大重點不可不知

時常聽到許多爸爸媽媽們向我說道想要再生一個女兒，第二個不想要再是兒子了，因爲覺得女兒可能會比較體貼、會撒嬌，也比較好帶。其實在照顧男孩子時家長們心中總是時常產生許多挫折的情緒，兒子到底在想些什麼？是否時常情緒波動找不到原因？有時亦會感覺到男孩堅持度很高，再久都跟爸爸媽媽們耗下去，情緒常暴怒、尖叫大吼、丟東西與三不五時火山爆發，活潑好動的程度感覺像有用不盡的電力與上百種惹怒家長們的新想法，爸爸媽媽們成天像在踩地雷般，男孩與女孩溝通要點其實大有不同，用和女孩一樣的溝通方式是行不通的，接續提供家長們處理五策略：

1. 常見女孩相較男孩的語言能力發展較快，其實男孩腦中所想與情緒無法做完整的表達

爸爸媽媽們是否常常向孩子說道：「你說呀？好好說、不要再哭！你就說呀，我在聽」，當孩子無法完整地表達再加上家長近乎於高頻率質問方式容易造成孩子情緒更加焦慮，因爲當下他就是無法好好且完整地表達，這時我會建議家長們盡可能於對話時保持與孩子相同講話的速度及頻率，引導著孩子說出，會比一問一答的效果來的更加顯著，孩子若不肯說，我們可以從孩子剛發生的事件及肢體語言做推敲，幫助孩子表達，例如：「**弟弟你剛剛是不是玩具被別人搶走所以很生氣？爸爸剛剛不小心打斷你說學校的事情，所以你是不是不開心、覺得難過？**」

2. 情緒得從日常生活小事去體察，不是每次衝突發生後才去找原因

情緒沒有對錯之分，不要避而不談，需要教孩子學會的是如何管理，一位弟弟曾經這麼向我說：「我一發脾氣，爸爸媽媽就會生氣，所以不能發脾氣。」作爲家長我們應該要做到的是花時間瞭解造成孩子情緒大幅度波動的事件及肇因，盡可能營造輕鬆不壓迫的氛圍，彼此才能夠有效交流訊息，而不是讓孩子因爲心

生畏懼而一直積壓情緒於心中，不敢去表現出來，這將容易導致親子關係漸行漸遠，別讓孩子成為情緒沸騰的壓力鍋。

3. 男孩玩粗大動作遊戲，要闡述底線及規則在何處

例如：不可以打人，若違反就取消連續兩天遊戲時間，抑或是看電視的時間，這便要端看爸爸媽媽們與孩子當初彼此承諾是如何去界定的。此外，男孩相對女孩而言，較不擅於去體察他人的臉部表情或言外之意，因此在溝通時會建議媽咪及爸爸們在聲調及表情上盡可能清楚明確，具體地說出來能幫助男孩更容易理解您想傳達的。

4. 任務解決型的互動模式更能叫得動男孩

男孩多對於比較具有挑戰性和競爭性的遊戲與互動方式較能引起其興致，有任務、有挑戰性讓男孩子很容易進入情境與狀況中，許多日常生活事情不要擔心孩子做不好，或是第一次嘗試就直接從頭講解到尾，因爲這會讓男孩覺得規範與約束過多，讓孩子主動去嘗試新的事物或嘗試從錯誤中學習更可以激起男孩的學習動機。此外，會建議爸爸媽媽們一次指派一件任務就好，不要於孩子專注於當下該件事情時又跟他說等一下要做什麼。

5. 什麼都說「好」，但總是左耳進、右耳出

對男孩說話、交代任務時，請爸爸媽媽們盡量簡潔有力、說重點，面對面說話並且確保雙方眼神接觸，或是在說話前能輕輕拍孩子的肩膀，透過此方式確認孩子有把注意力轉移到您身上。此外，可以幫男孩子抓出重點來做複述，多說當下可以做什麼、應該做什麼而非不可以做什麼。常見 NG 說法：「不要那邊滾來滾去、不要給我到處亂丟！」家長們可以改成這樣說：**「弟弟／妹妹，可以到那個地墊上玩、請把小汽車收到藍色的盒子裡、書本收到櫃子上。」**

42 破除獨生子女的教養迷思

許多人對於獨生子女常常會有相當程度的刻板印象，包含感覺日後會很嬌、任性霸道與不懂得如何適切地與他人相處，例如：因爲家裡只有一個孩子，所以就會不懂得分享、比較不合群。全球各國出生率排名當中，台灣時常敬陪末座，人口總出生數逐年呈遞減趨勢，晚生與少生已是常態，加上現今教育與學習時間延長，如若沒有理想的收入與穩定的經濟基礎及存款，在生育子女的數量上便會多加思量。

有些爸爸媽媽們亦會覺得只要生一個就夠了，家長可以把全部的資源與全部的愛均投注在單一孩子身上，有些爸爸媽媽們則會認爲獨生子女可能會很孤單，缺乏手足互動對於人際關係的建立與學習上是否會有負面影響，接續讓我帶著爸爸媽媽們來逐一破解這些傳統迷思與觀念：

1. 為什麼孩子的互動技巧與同齡孩子有時會出現些許落差？

這是因爲獨身子女出生環境與遊戲對象，從小面對與接觸的爲大人占多數，所以性格與語氣多少會受大人影響較多，當缺乏與相近年齡孩子互動經驗時而進入到學校團體之後，會觀察到些許的不同。

所以會建議爸爸媽媽們盡早讓孩子學習人際互動，不要等到上幼稚園或是小學才開始想到要加強這塊，幫孩子找其他同儕團體、學習團體與才藝團體，學習與不同的人相處，從中增加人際互動的生活經驗或是最簡單的就是多帶孩子去公園玩、參與親子勞作活動等等。

2. 孩子性格形塑受家庭環境、父母教養態度與孩子先天氣質影響

爸爸媽媽們常會認爲家中孩子的個性受家中排行（老大、老二、老么等等）的影響最大，但其實並不然，我們都知道家庭是教育孩子的最初場所，父母是孩子學習的對象也是孩子的第一個老師，不論是言行舉止、價值觀與生活習慣等等，對孩子的情緒穩定和行爲表現影響更加顯著，假如爸爸媽媽們在家中說話或夫妻雙方溝通時就習慣大聲喝斥或時常用情緒性字眼

責罵孩子，便難以建立良好的學習榜樣。

3. 同理心、輪流概念與學習尊重他人該怎麼教才好？

不論只生一個或是生兩個以上的爸爸媽媽們都需要帶孩子去學習上述觀念，這並非是獨生子女的專利，只是因爲相較於有手足互動的孩子而言，獨生子女練習機會會比較少，進入到學校之前也必須讓孩子簡單瞭解到會遇到很多小朋友，每個人都是獨立的，大家相互陪伴、玩耍，中間也可能會有衝突與爭吵的時候，所以日常生活裡，常常要釋放給孩子訊息是我們彼此相互配合、約定與溝通，盡可能達到讓彼此都感到可以接受，同時別忘了對孩子保持開放的態度，對孩子所說的話多些鼓勵、多些情感支持、多給予孩子肯定，並且別忽略了您的肢體語言，我知道爸爸媽媽們於忙碌一天之後可能身心俱疲，但唯有保持親子聊天的熱情，才能讓孩子知道不論是開心、難過或生氣的事情，都可以向爸爸媽媽們抒發出來。

4. 物質上的唾手可得，容易造成孩子予取予求

規矩原則要拿捏好，不要因爲只生一個孩子就認爲什麼都要給、什麼都要幫他做好好，凡事包容與驕縱，處處過度保護

容易變成直昇機父母，請爸爸媽媽們試想當孩子一出現問題，您就立刻出面安排、掌控解決，日後待孩子長大，甚至開始就業後遇到阻礙及困難，就容易無法適應環境和產生解決問題的能力，建議爸爸媽媽們不妨多放手讓孩子自己去嘗試與體驗，別讓他養成依賴大人的心態，這些錯誤心態均會成爲孩子日後人際互動上的絆腳石。

與孩子溝通並建立的規則不該輕易妥協，有兩個孩子以上的家庭，父母親會相當在意家規矩是否能夠有效建立與執行，因爲公平這件事總是引起手足之間的打鬧紛爭的導火線，所以爸爸媽媽們知道絕對不能夠輕易去妥協，否則老大破壞原則、老二及老么也有樣學樣，久而久之爸爸媽媽們與孩子訂定的規則便會形同虛設，孩子不會想遵守，家中也就淪為戰場，但是家中如果只有一個小孩，有時我們父母很容易認為我們是大人就讓一步吧，一時心軟會造就錯誤開端，因為您我都知道教養的界線不易建立，如果凡事都因孩子開始大吼大叫或哭鬧就讓步，家長的教養底線從此可能失守、立場變的很容易鬆動，我們需要深刻體認我們並非全能，不可能一輩子跟在孩子身旁解決他們所有的問題，並且未來孩子仍需獨自面對如何和同儕對應，以及學習各種技巧不論是橫向發展或是上下應對的關係，所以建議家長們切莫過度放縱與保護。

5. 帶著孩子思考如何解決問題，而不是只有看到問題

舉個爸爸媽媽們常提及的孩子狀況劇，孩子不會跟別人借玩具，直接用搶的或用推人的方式，被大人制止後就開始哭鬧，首先我們要先幫助孩子冷靜下來並幫他整理事件的前因後果，您的先後順序可以這樣來做引導：「**弟弟你想要玩那個積木，可是那個哥哥不借你嗎？**」→「**弟弟你剛剛是不是沒有跟那個哥哥說你就直接搶過來了？**」→「**那你覺得我們該怎麼做才可以跟那個哥哥借積木玩？**」→「**是不要要先跟哥哥說對不起？然後我們也找一個玩具去跟他交換玩看看。**」

愛孩子之餘，
也別忘了多愛自己
辛苦了！

愛孩子之餘，也別忘了多愛自己

有了孩子以後才會明白，原來世界上真的有無條件且超越一切的愛，孩子賦予了我們不一樣的意義、豐富了我們的生命，也讓自己學會更加勇敢及堅強。

爸爸媽媽們都希望教出健康、快樂、懂事又有自信的孩子，但沒有任何人天生就會當爸媽，我們都是從每次的親子互動中去學習，育兒生活可能和自己原本的美好想像差異甚大，當個優雅媽媽喝著咖啡而身旁的孩子在睡夢中笑得香甜的情景似乎遙不可及，取而代之的可能是孩子哭鬧不睡覺，同時又得一邊餵和擠母奶或是整理家務，自己可能也已經連著兩三天沒有睡上一場好覺了。

日以繼夜地照顧孩子、面對旁人的閒言閒語只能將苦往心裡吞、手足之間成天吵架、孩子愛亂發脾氣、講不聽就是要唱反調、不能好好吃飯，感覺做什麼都不管用，伴隨而來的是龐大的壓力及悲觀絕望，焦慮且懷疑自己是不是哪裡做的不夠好？而且每次在爭吵後看到孩子淚眼汪汪的大眼就會感到非常的後悔及自責。爸爸媽媽我們都不是超人，都會有疲累挫折的時候，不要過於苛求自己，但也不要因爲現實的壓力，而忘了給身邊最親愛的人一個暖心的微笑，又有多久沒有給孩子一個溫暖的擁抱了呢？

凡事都有第一次，第一次聽到寶寶的心跳聲、第一次翻身、第一次叫媽媽爸爸、第一次泡牛奶時的手忙腳亂、第一次換尿布時的狼狽模樣、第一次遇到孩子耍賴、第一次孩子跌倒後前來討抱、第一次知道什麼是眞切的愛，凡事都有第一次，育兒教養也不例外，很多心情及解決方法我們都在從中修正與學習調適。

等孩子長大了，才想起來要陪伴及教育爲時已晚，孩子一轉眼間就會長大好多，而能夠陪伴的日子是愈來愈少，每一次與孩子的互動及選擇都有可能改變孩子的未來，育兒生活很難像童話故事般美好，但良好的親子互動與親子關係能夠豐富您我的人生，因爲孩子、因爲愛、因爲家庭，我們都正努力想要成爲更好的自己。

正視每個階段的酸甜苦辣鹹及內心脆弱，與孩子建立良好的心理溝通，攜手做出改變，從生活中發掘出孩子的潛能，給予他們充分表現的舞台，快樂與疲憊交織的日子，每天都會愈來愈好，而一段關於愛的故事也會繼續延續下去。

國家圖書館出版品預行編目（CIP）資料

職能治療師泰迪的 42 道教養心法：解決爸媽棘手育兒難題／周晉逸著 . -- 初版 . -- 臺北市：沐風文化 , 2020.05
面； 公分 . --（Living；5）
ISBN 978-986-97606-3-8（平裝）
1. 育兒　2. 親職教育

428.8　　109001933

Living 005

職能治療師泰迪的42道教養心法

解決爸媽棘手育兒難題

作　　者：周晉逸
責任編輯：黃品瑜
封面設計：ivy_design
內文排版：ivy_design

發 行 人：顧忠華
出　　版：沐風文化出版有限公司
地　　址：100 臺北市中正區泉州街 9 號 3 樓
電　　話：(02) 2301-6364
傳　　真：(02) 2301-9641
讀者信箱：openlearningtw@gmail.com

總 經 銷：紅螞蟻圖書有限公司
地　　址：114 臺北市內湖區舊宗路 2 段 121 巷 19 號
電　　話：(02) 2795-3656
傳　　真：(02) 2795-4100
服務信箱：red0511@ms51.hinet.net

排版印製：龍虎電腦排版股份有限公司
出版日期：2020 年 5 月 初版一刷
定　　價：320 元
書　　號：ML005
ＩＳＢＮ：978-986-97606-3-8（平裝）